L'ÉCOLE de la PÂTISSERIE

세계 최고 제과학교 셰프들이 가르쳐주는 레시피 100

L'ÉCOLE de la PÂTISSERIE

르 꼬르동 블루 파티세리

photograph_ Olivier Ploton

LE CORDON
PARIS
BIENVE
ยินดีต้อนรับ   ようこ
καλωσόρισμα
WELCOME   स्वागत
ברוכה

PRÉFACE
정통 프렌치 퀴진의 전수가 목표

120여 년의 역사를 가진 르 꼬르동 블루는 완벽함의 미학을 추구해왔습니다. 세계 최초로 요리와 호텔 매니지먼트 교육기관으로서 국제적 네트워크를 구축한 르 꼬르동 블루는 20개국 35개 분원에서 레스토랑, 호텔 호스피탈리티, 관광 분야의 기초교육부터 대학 커리큘럼까지 폭넓은 전문교육을 실시합니다.

르 꼬르동 블루의 명성은 오랜 세월 결코 변하지 않았습니다. 가장 혁신적인 기술을 추구하는 르 꼬르동 블루의 교육과정은 다양한 전문가의 관점을 받아들이려고 끊임없이 변화를 거듭해왔습니다. 대학 프로그램의 경우, 세계 여러 나라의 정부와 대학, 특수기관과 협력하여 현지 과정에 적합하게 운영하고 있습니다. 그 결과 매년 르 꼬르동 블루에서는 100여 개국 20,000명의 학생들이 요리, 제과, 제빵, 호텔 매니지먼트 및 와인 교육을 받고 있습니다. 올해는 르 꼬르동 블루 파리 본교가 최신 설비의 친환경적인 캠퍼스로 옮겨서 새롭게 문을 열고, 세느강이 바라다보이는 아름다운 실습실에서 전문교육은 물론 취미 클래스까지 더욱 다양한 프로그램을 제공하고 있습니다.

1895년에 설립된 르 꼬르동 블루의 사명은 정통 프렌치 퀴진 거장들의 테크닉과 지식을 전수하는 것입니다. 그 역사는 마르스 디스텔(Marthe Distel)의 《라 퀴지니에르 꼬르동 블루(La cuisinière Cordon Bleu)》라는 요리 주간지의 창간으로 거슬러 올라갑니다. 주간지를 창간한 그해 구독자가 20,000명이 넘자, 디스텔 여사는 셰프들과 함께 하는 독자 초청 무료 시연회 아이디어를 냅니다. 당시 잡지에는 정통 부르주아 프렌치 퀴진에 대해 실었지만, 여러 언어로 발행하였기 때문에 이미 세계 요리에 대해서도 열린 자세를 취하고 있었습니다. 마르스 디스텔의 첫 번째 요리강의는 1895년

10월 15일 르 꼬르동 블루 파리 본교에서 진행되었습니다. 르 꼬르동 블루는 파리에 문을 연 직후부터 외국인 학생을 받아들여 전 세계를 향해 문을 활짝 열었습니다. 수업은 프랑스어로 진행되었지만 영어통역을 함께 제공하여 여러 언어권의 학생들도 자유롭게 수강할 수 있었습니다. 르 꼬르동 블루의 설립은 전 세계에 프랑스 문화를 전파하는 데에도 크게 공헌하였습니다. 또한 정통 프렌치 퀴진의 테크닉을 가르치고, 여러 나라 학생들에게 그 나라 고유의 요리 자산의 가치를 발견하는 방법을 전수합니다.

르 꼬르동 블루는 가스트로노미와 호스피탈리티의 수준을 향상시키고 프랑스 문화와 라이프 스타일을 전 세계적으로 알리는데 기여합니다. 최근에는 활동영역을 넓혀 식자재나 전문 주방용품의 유통, 레스토랑 오픈, TV시리즈 제작 참여, 요리책 출간 등 여러 분야에서 명성을 얻고 있습니다. 특히, 요리 관련 서적을 꾸준히 출간하여 그 중 대부분은 해외에서도 출간되었으며, 일부는 요리 교육 현장에서 교재로 사용하고 있습니다. 르 꼬르동 블루의 요리책은 전 세계적으로 1,000만 부 이상 판매되었습니다.

전문적인 교육방법론을 중요시하는 르 꼬르동 블루는 출판사 라루스와 협력하여 르 꼬르동 블루의 본질적 가치인 프렌치 퀴진의 테크닉을 익힐 수 있도록 여러 권의 레시피북을 출간하였습니다. 아마추어 미식가, 학생들과 함께 르 꼬르동 블루는 즐거움을 추구하고 훌륭한 맛을 찾아내며, 전통과 현대를 아우르는 열정을 나눌 수 있어 행복합니다.

미식가들과 함께
르 꼬르동 블루 인터내셔널 회장
앙드레 쿠앵트로

SOMMAIRE
차례

INTRODUCTION
아마추어들을 위한 진정한 제과 바이블

르 꼬르동 블루만의 제과기술을 집약한 《르 꼬르동 블루 파티세리 (L'ÉCOLE de la PÂTISSERIE)》가 라루스출판사의 도움으로 세상에 빛을 보게 되었습니다.

이 책에서 르 꼬르동 블루 셰프들이 약 85개 디저트 레시피의 시크릿을 독점 공개합니다. 가장 쉬운 레시피부터 다소 난이도가 있는 것까지 각 단계의 과정이 사진과 함께 설명되어 있고, 프랑스제과의 기본기를 다지는 15가지 테크닉도 포함되어 있습니다.

이 책에서 소개하는 제품들은 클래식하면서 현대적인 감각으로, 만들기 쉽고 이해하기 쉽도록 레시피를 각 단계별 사진과 함께 자세히 설명합니다. 또한 크림, 반죽, 레시피 팁 같은 제과의 기본 테크닉도 하나의 파트에 모아서 설명하고 있습니다.

가토, 인디비주얼 디저트, 타르트, 비스퀴, 콩피즈리, 연회 디저트 등 모든 난이도의 다양한 레시피들을 이 책에서 찾아볼 수 있으며, 르 꼬르동 블루 교수진만의 교육법으로 이제 집에서 직접 만들 수 있습니다.

르 꼬르동 블루의 셰프들은 이 책에 신선하고 창의적인 레시피들을 담으려고 노력하였습니다. 뿐만 아니라 요리 재료들과 테크닉, 하나의 레시피 자체가 지니는 역사, 이야기, 팁들도 함께 전하고 있습니다.

《프티 라루스 뒤 쇼콜라(Petit Larousse du Chocolat)》와 마찬가지로 이 책은 르 꼬르동 블루의 목표를 보여주고 있습니다. 프랑스뿐만 아니라 전 세계에 가스트로노미의 가치를 향상시키고 그 노하우를 전수하는 것이지요.

《르 꼬르동 블루 파티세리》는 정통 프랑스제과 또는 전문적이고 오리지널한 레시피를 실현하려는 아마추어들을 위한 진정한 제과 바이블입니다. 르 꼬르동 블루만의 차별화된 레시피와 설명으로 프랑스제과의 세계를 발견할 수 있도록 여러분을 초대합니다. 새롭게 도전해 보세요.

장-프랑수아 드귀네
제과 기술장

LE CORDON BLEU
les dates repères
르 꼬르동 블루 역사

1895 파리에서 저널리스트였던 마르스 디스텔(Marthe Distel)이 요리주간지 《라 퀴지니에르 꼬르동 블루(La Cuisinière Cordon Bleu)》 발간. 그해 10월, 잡지 구독자들을 대상으로 르 꼬르동 블루의 첫 번째 요리수업.

1897 르 꼬르동 블루 파리에 첫 번째 러시아 학생 입학.

1905 르 꼬르동 블루 파리에 첫 번째 일본 학생 입학.

1914 파리에 4개의 분원 설립.

1927 일간지 《더 런던 데일리 메일(The London Daily Mail)》의 11월 16일자에서 르 꼬르동 블루 파리를 방문해보니 "한 학급에 8개 국적의 학생들이 있다."고 소개.

1933 르 꼬르동 블루 파리를 졸업한 로즈마리 위므와 디온느 뤼카스가 셰프 앙리–폴 펠라프라의 감독 아래 런던에 분원 〈프티 꼬르동 블루〉와 레스토랑 〈오 프티 꼬르동 블루〉 오픈.

1942 디온느 뤼카스가 뉴욕에 르 꼬르동 블루 분원과 레스토랑 오픈. 또한 베스트셀러 《더 꼬르동 블루 쿡북(The Cordon Bleu Cookbook)》을 집필하고, 미국 TV요리쇼의 첫 번째 여성 사회자가 됨.

1948 미국 국방성의 신임을 얻은 르 꼬르동 블루가 유럽에서 복무를 마친 젊은 미군들의 전문교육을 담당. CIA 전신인 미국전략정보국(OSS, Office of Strategic Services)의 일원이었던 줄리아 차일드가 르 꼬르동 블루 파리에서 수학.

1953 엘리자베스 2세 여왕의 대관식에서 르 꼬르동 블루 런던 분원이 고위 외교사절들의 만찬을 담당하면서 '코로네이션 치킨(Coronation Chicken)' 레시피를 처음으로 고안하여 선보임.

1954 오드리 헵번 주연, 빌리 와일더 감독의 영화 《사브리나》의 대흥행으로 르 꼬르동 블루가 전 세계적으로 널리 알려짐.

1984 레미 마르탱 & 쿠앵트로 브랜드를 설립한 가문의 후손인 쿠앵트로 가문이 1945년부터 회장직을 맡아온 엘리자베스 브라사르(Elizabeth Brassart)에 이어 르 꼬르동 블루 재단을 인수.

1988 르 꼬르동 블루 파리가 원래 있던 에펠탑 근처의 샹 드 마르스(Champ de Mars) 거리를 떠나 15구의 레옹 델롬므(Léon Delhomme) 거리로 이전하고, 장관 에두아르 발라뒤르(Édouard Balladur)가 개관을 선포.
 • 르 꼬르동 블루 오타와에 첫 번째 학생 입학.

1991 르 꼬르동 블루 재팬 도쿄캠퍼스, 뒤이어 고베캠퍼스가 차례로 문을 열고, 〈프티 프랑스 오 자퐁(Petite France au Japon)〉이라는 이름으로 운영.

1995 르 꼬르동 블루 100주년.
 • 중국 상하이 시가 셰프의 기술 교육을 위해 최초로 요리사를 르 꼬르동 블루 파리로 파견.

1996 르 꼬르동 블루 오스트레일리아 시드니 캠퍼스 설립. 뉴사우스웨일즈(New South Wales) 주정부의 요청으로 2000년 시드니올림픽의 만찬 준비를 위한 셰프 트레이닝 담당. 애들레이드(Adelaide)에 학사, 경영석사, 호스피탈리티, 외식, 미식, 와인 분야의 대학 연구과정 개설.

1998 르 꼬르동 블루만의 교육 전문 프로그램을 미국에 도입하기 위하여 미국 경력개발센터(CEC)와 독점 협약 체결. 호텔 매니지먼트와 요리 분야의 연계 학위 협정 제안.

2002 르 꼬르동 블루 코리아, 르 꼬르동 블루 멕시코 설립. 첫 학생들 입학.

2003 르 꼬르동 블루 페루 설립. 페루의 첫 번째 요리학교가 됨.

2006 두싯 인터내셔널과 파트너십을 맺고 르 꼬르동 블루 타일랜드
설립.

2009 르 꼬르동 블루 파리의 학생이었던 줄리아 차일드의 이야기를
다룬, 메릴 스트립 주연의 《줄리 & 줄리아(Julie & Julia)》영화
제작에 참여.

2011 프란치스코 드 빅토리아 대학과 파트너십을 맺고 르 꼬르동
블루 마드리드 설립.
- 르 꼬르동 블루에서 가스트로노믹 투어리즘 석사 온라인 프
로그램 시작.
- 일본이 프랑스보다 미슐랭 3스타 레스토랑 수가 더 많아짐.

2012 선웨이전문대학(Sunway University College)과 협정을 맺고 르 꼬르동 블루 말레이
시아 설립.
- 르 꼬르동 블루 런던이 블룸즈버리(Bloomsbury)로 이전.
- 르 꼬르동 블루 뉴질랜드를 웰링턴에 설립.

2013 르 꼬르동 블루 이스탄불 설립.
- 르 꼬르동 블루 타일랜드가 아시아지역 최고요리학교상 수상.
- 마닐라 아테네오 대학과 파트너십을 맺고 르 꼬르동 블루 필리핀 설립.

2014 르 꼬르동 블루 인디아를 설립하고, 호텔, 레스토랑 매니지먼트 학사과정도 진행.
- 르 꼬르동 블루 레바논과 르 꼬르동 블루의 미식학 과정이 10주년을 맞음.

2015 르 꼬르동 블루 120주년.
- 르 꼬르동 블루 상하이 설립.
- 르 꼬르동 블루 페루가 대학의 지위를 얻음.
- 국립 가오슝 호스피탈리티관광대학교(NKUHT), 밍-타이 인스티튜트와 협정을
맺고 르 꼬르동 블루 타이완 설립.
- 피니스 테레 대학과 협정을 맺고 칠레 산티아고에 르 꼬르동 블루 설립.

2016 르 꼬르동 블루 파리가 15구의 세느 강변으로 이전하여 새롭게 오픈. 4,000㎡ 공
간에 요리, 와인, 호텔, 레스토랑 매니지먼트 과정 운영. 현재 1,000명이 넘는 학
생을 수용.

LES INSTITUTS LE CORDON BLEU
dans le monde
르 꼬르동 블루 월드 캠퍼스

르 꼬르동 블루 파리
Le Cordon Bleu Paris

13-15, quai André Citroën
75015 Paris, France
Tel. : +33 (0)1 85 65 15 00
paris@cordonbleu.edu

르 꼬르동 블루 런던
Le Cordon Bleu London

15 Bloomsbury Square
London WC1A 2LS
United Kingdom
Tel. : +44 (0) 207 400 3900
london@cordonbleu.edu

르 꼬르동 블루 마드리드
Le Cordon Bleu Madrid

Universidad Francisco de Vitoria
Ctra. Pozuelo-Majadahonda
Km. 1.800
Pozuelo de Alarcón, 28223
Madrid, Spain
Tel. : +34 91 715 10 46
madrid@cordonbleu.edu

르 꼬르동 블루 인터내셔널
Le Cordon Bleu International

Herengracht 28
1015 BL Amsterdam
The Netherlands
Tel. : +31 20 661 6592
amsterdam@cordonbleu.edu

르 꼬르동 블루 이스탄불
Le Cordon Bleu Istanbul

Özyegin Üniversitesi
Çekmeköy Campus
Nisantepe Mevkii, Orman Sokak, No:13
Alemdag, Çekmeköy 34794
Istanbul, Turkey
Tel. : +90 216 564 9000
istanbul@cordonbleu.edu

르 꼬르동 블루 레바논
Le Cordon Bleu Liban

USEK University – Kaslik
Rectorat B.P. 446
Jounieh, Lebanon
Tel. : +961 9640 664/665
liban@cordonbleu.edu

르 꼬르동 블루 재팬
Le Cordon Bleu Japan

Le Cordon Bleu Tokyo Campus
Le Cordon Bleu Kobe Campus
Roob-1, 28-13 Sarugaku-Cho
Daikanyama, Shibuya-Ku
Tokyo 150-0033, Japan
Tel. : +81 3 5489 0141
tokyo@cordonbleu.edu

르 꼬르동 블루 코리아
Le Cordon Bleu Korea

Sookmyung Women's University
7th Fl., Social Education Bldg.
Cheongpa-ro 47gil 100, Yongsan-Ku
Seoul, 140-742 Korea
Tel. : +82 2 719 6961
Fax : +82 2 719 7569
korea@cordonbleu.edu

르 꼬르동 블루 오타와
Le Cordon Bleu Ottawa

453 Laurier Avenue East
Ottawa, Ontario, K1N 6R4, Canada
Tel. : +1 613 236 CHEF(2433)
Toll free : +1 888 289 6302
Restaurant line : +1 613 236 2499
ottawa@cordonbleu.edu

르 꼬르동 블루 멕시코
Le Cordon Bleu Mexico

Universidad Anáhuac North Campus
Universidad Anahuac South Campus
Universidad Anáhuac Querétaro Campus
Universidad Anáhuac Cancún Campus
Universidad Anáhuac Mérida Campus
Universidad Anáhuac Puebla Campus
Universidad Anáhuac Tampico Campus
Universidad Anáhuac Oaxaca Campus
Av. Universidad Anáhuac
No. 46, Col. Lomas Anáhuac Huixquilucan
Edo. De México C.P. 52786
Tel. : +52 55 5627 0210 ext. 7132 /
7813
mexico@cordonbleu.edu

르 꼬르동 블루 페루
Universidad Le Cordon Bleu Peru (ULCB)

Le Cordon Bleu Peru Instituto
Le Cordon Bleu Cordontec
Av. Vasco Nuñez de Balboa 530
Miraflores, Lima 18, Peru
Tel. : +51 1 617 8300
peru@cordonbleu.edu

르 꼬르동 블루 오스트레일리아
Le Cordon Bleu Australia

Le Cordon Bleu Adelaide Campus
Le Cordon Bleu Sydney Campus
Le Cordon Bleu Melbourne Campus
Le Cordon Bleu Perth Campus

Days Road, Regency Park
South Australia 5010, Australia
Free call (Australia only) : 1 800 064 802
Tel. : +61 8 8346 3000
australia@cordonbleu.edu

르 꼬르동 블루 뉴질랜드
Le Cordon Bleu New Zealand

52 Cuba Street Te Aro
Wellington, 6011, New Zealand
Tel. : +64 4 4729800
nz@cordonbleu.edu

르 꼬르동 블루 말레이시아
Le Cordon Bleu Malaysia

Sunway University
No. 5, Jalan Universiti, Bandar Sunway,
46150 Petaling Jaya, Selangor DE,
Malaysia
Tel. : +603 5632 1188
malaysia@cordonbleu.edu

르 꼬르동 블루 타일랜드
Le Cordon Bleu Thailand

946 The Dusit Thani Building
Rama IV Road, Silom
Bangrak, Bangkok
10500 Thailand
Tel. : +66 2 237 8877
thailand@cordonbleu.edu

르 꼬르동 블루 상하이
Le Cordon Bleu Shanghai

2F, Building 1, No. 1458 Pu Dong
Nan Road
Shanghai, China 200122
Tel. : +86 400 118 1895
shanghai@cordonbleu.edu

르 꼬르동 블루 인디아
Le Cordon Bleu India

G D Goenka University
Sohna Gurgaon Road
Sohna
Haryana, India
Tel. : +91 880 099 20 22 / 23 / 24
lcb@gdgoenka.ac.in

르 꼬르동 블루 칠레
Le Cordon Bleu Chile

Universidad Finis Terrae
Avenida Pedro de Valdivia 1509
Providencia, Santiago de Chile
Tel. : +56 24 20 72 23

르 꼬르동 블루 리우데자네이루
Le Cordon Bleu Rio de Janeiro

Rua da Passagem, 179
CEP : 22290-031
Botafogo, Rio de Janeiro, Brasil

르 꼬르동 블루 타이완
Le Cordon Bleu Taiwan

NKUHT University
Ming-Tai Institute
4F, No. 200, Sec. 1, Keelung Road
Taipei 110, Taiwan
Tel. : 886 2 7725-3600 / 886 975226418

르 꼬르동 블루 INC.
Le Cordon Bleu, INC.

85 Broad Street – 18th floor
New York, NY 10004 U.S.A.
Tel. : +1 212 641 0331

www.cordonbleu.edu
e-mail : info@cordonbleu.edu

Gâteaux, Cakes & Entremets

가토, 케이크
& 앙트르메

MACARONNADE
au confit de pétales de rose

로즈콩피를 넣은
마카로나드

10 인분

작업 1시간 15분 — **가열** 30분 — **냉장** 50분 — **보관** 냉장 2일

난이도 ⬡⬡

마카로나드

슈거파우더 240g

아몬드가루 170g

달걀흰자 4개(120g)

레몬즙 몇 방울

설탕 35g

붉은 색소 칼끝으로 아주 조금

로즈크림

판젤라틴 2장(4g)

크렘 파티시에

우유 300㎖

달걀노른자 4개(80g)

설탕 50g

옥수수전분 25g

무른 버터 75g

커버추어 화이트초콜릿 40g

키르슈(체리 증류주) 1큰술

로즈 아로마에센스 8방울

로즈워터 1큰술

무른 버터 75g

생크림 120㎖

마스카르포네치즈 50g

크리스탈리제* 장미꽃잎

물 20㎖

설탕 30g

붉은 장미꽃잎 몇 장

설탕

가니시

리치 20개

로즈콩피 100g

장식

슈거파우더

리치 2개

*크리스탈리제(cristalliser)_ 설탕시럽을 재료 표면에 묻혀 결정화시킨 것.

필요한 도구 짤주머니 2개 — 12번 원형깍지 1개 — 브러시 1개 — 케이크받침 1개

제과에서 장미 활용

장미는 특유의 향이 있어서 에센셜오일, 아로마에센스, 시럽, 또는 로즈콩피 등으로 만들어
여러 가지 디저트에 사용할 수 있다. 향이 농축되어 있는 로즈 에센셜오일은
크림이나 무스, 아이스크림에 향을 더할 때 사용하고,
로즈콩피는 앙트르메나 마카롱의 필링을 만들 때 사용한다.

마카로나드

1_ 오븐을 180℃(불세기 6)로 예열한다. 유산지 2장에 지름 22㎝ 원을 1개씩 그리고, 오븐팬 2개에 1장씩 깐다. 볼에 슈거파우더와 아몬드가루를 넣고 섞는다. 달걀흰자는 레몬즙을 넣고 단단해질 때까지 휘핑하다가 설탕을 섞어 머랭을 만든 다음, 붉은 색소를 넣는다.

2_ 머랭에 가루재료를 2번에 나누어 넣고 나무스패튤러로 섞는다. 볼 가운데에서부터 시작하여 바깥쪽으로 천천히 뒤집듯이 섞는다.

3_ 깍지를 낀 짤주머니에 반죽을 담고, 유산지에 그려놓은 원을 따라 소용돌이모양으로 짠다. 오븐에 25분 굽는다.

로즈크림

4_ 판젤라틴을 찬물에 담가 부드럽게 불린다. 크렘 파티시에(p.480 참조)를 만든다.

5_ 화이트초콜릿과 버터를 크렘 파티시에에 넣고, 거품기로 섞는다. 키르슈와 로즈 아로마에센스, 로즈워터도 넣는다. 찬물에 불린 젤라틴의 물기를 꽉 짠 뒤, 크림에 넣고 섞는다. 완성된 로즈크림은 볼에 담아 30분 냉장한다.

6_ 로즈크림을 거품기로 휘저어서 매끄럽게 푼다. 버터를 휘저어서 포마드 상태로 푼 뒤, 로즈크림에 넣고 섞는다.

7_ 마스카르포네치즈와 생크림을 섞어 단단해질 때까지 휘핑한다. 로즈크림에 넣고 잘 섞어서 깍지를 낀 짤주머니에 담는다.

크리스탈리제 장미꽃잎

8_ 오븐을 120℃(불세기 4)로 예열한다. 물과 설탕을 끓여서 시럽이 되면, 브러시로 장미꽃잎에 바른다.

9_ 꽃잎에 설탕을 뿌리고, 유산지를 깐 오븐팬에 올려 5분 굽는다.

>>>

몽타주 & 장식

10_ 케이크받침에 마카로나드를 바닥의 유산지가 위로 가게 엎고, 유산지는 떼어낸다.

11_ 마카로나드 바깥쪽에 로즈크림을 적당한 간격을 두고 물방울모양으로 1개씩 짠다.

12_ 리치의 껍질을 벗겨 씨를 빼낸 뒤, 로즈크림 사이에 1개씩 놓는다.

13_ 가운데에 로즈크림을 소용돌이모양으로 짜고, 그 위에 한 층을 더 짠다.

14_ 남은 리치를 반으로 잘라 소용돌이모양으로 짠 크림 위에 군데군데 얹는다.

15_ 로즈콩피를 리치 사이에 조금씩 얹는다.

16_ 나머지 마카로나드 1개를 위에 덮는다.

17_ 마카로나드 위에 로즈크림을 작게 물방울모양으로 3개 짜고, 전체에 슈거파우더를 뿌린다.

18_ 크리스탈리제 장미꽃잎 3개를 물방울모양으로 짠 로즈크림 위에 1개씩 얹는다. 껍질을 벗기지 않은 리치 2개를 위에 올려 장식한다. 냉장고에 20분 넣어두었다가 차게 먹는다.

WEEK-END
au citron
레몬 위켄드

미니 위켄드 **3개**

작업 30분 — **가열** 30분 — **보관** 랩으로 싸서 4일

난이도 ✿

위켄드 반죽	틀에 바를 무른 버터 20g
달걀 4개(200g)	틀에 뿌릴 밀가루 20g
제스트용 레몬 4개	
설탕 170g	살구나파주 100g
밀가루 170g	
베이킹파우더 1꼬집	**레몬 글라사주**
녹인 버터 160g	슈거파우더 150g
	레몬즙 2큰술

스크레이퍼에 묻힐 기름

필요한 도구 14×6㎝ 직사각형틀 3개 — 스크레이퍼 1개 — 브러시 1개

가토 드 부아야주

케이크, 위켄드, 피낭시에, 파운드케이크 등을 가리키며, 오래 보관할 수 있다는 것이 큰 장점이다.
또한 매우 부드럽고 만들기도 쉬우며, 포장과 운반도 쉽다.
냉장하지 않고 최소 3일 이상 보관할 수 있어서 여행할 때 가지고 다니기 좋다는 의미로
'가토 드 부아야주(Gâteaux de Voyage, 여행 케이크)'라는 이름이 붙었다.
가토 드 부아야주는 여러 가지 맛으로 만들 수 있는데,
레몬 위켄드는 신선한 레몬즙과 제스트로 강렬한 향을 더했다.

레몬 위켄드

위켄드반죽

1_ 오븐을 180℃(불세기 6)로 예열한다. 냄비에 무른 버터 20g을 녹여서 틀에 바르고, 밀가루를 뿌린다.

2_ 큰 볼에 달걀을 넣고, 레몬제스트를 갈아 넣어 섞는다.

3_ 설탕을 넣고 하얗고 되직해질 때까지 휘핑한다.

4_ 밀가루와 베이킹파우더를 넣고, 전체를 골고루 섞는다.

5_ 녹인 버터 160g을 넣고, 거품기로 잘 섞는다.

6_ 준비한 틀에 ¾ 정도 차도록 국자로 반죽을 나누어 붓는다.

7_ 스크레이퍼를 기름에 한 번 담갔다가 날 부분으로 반죽의 가운데를 —자 모양으로 가볍게 누른다. 오븐에 30분 구운 뒤, 틀을 빼고 차게 식힌다. 오븐은 끄지 않고 180℃를 유지한다.

8_ 냄비에 살구나파주를 넣고 데운 뒤, 브러시로 케이크 표면에 바른다.

레몬글라사주

9_ 냄비에 레몬즙과 슈거파우더를 넣고, 거품기로 저으면서 끓인다. 끈적끈적해지면 완성. 브러시로 케이크 표면에 골고루 바르고, 오븐에 1분 넣어둔다. 차게 식혀서 먹는다.

DACQUOISE FIGUES,
mangue et épices

향신료를 넣은
망고 무화과 다쿠아즈

10 인분

작업 1시간 15분 — **가열** 약 25분 — **냉장** 1시간 — **냉동** 1시간 — **보관** 냉장 2일

난이도 ♧♧

향신료를 넣은 **무화과 라즈베리 콩포트**	밀가루 40g	카트르에피스 1꼬집
판젤라틴 2장(4g)	아몬드가루 140g	팔각 1개
무화과 200g	카트르에피스 1꼬집	쿠앵트로* 1큰술
카트르에피스(4가지 혼합향신료) 1꼬집	달걀흰자 170g	무른 버터 100g
설탕 50g	설탕 115g	생크림 140㎖
레몬즙 1작은술		
라즈베리(통째로) 60g	**망고 에피스 크림**	**장식**
	달걀노른자 3개(60g)	무화과 1개
다쿠아즈	설탕 60g	라즈베리 12개
코코넛가루 20g	감자전분 25g	슈거파우더
슈거파우더 140g	망고퓌레 250g	팔각 3개
	버터 35g	

*쿠앵트로(Cointreau)_ 오렌지향 리큐어.

필요한 도구 지름 18㎝ 타르트세르클 1개 — 지름 20㎝ 앙트르메세르클 1개 — 짤주머니 1개

12번 원형깍지 1개 — PF16 프티푸르용 깍지 1개

카트르에피스

육두구, 정향, 시나몬, 후추 등의 향신료 4종을 섞은 것.
올스파이스도 '카트르에피스(quatre-épices)'라고 부르는데,
이는 육두구, 정향, 시나몬, 후추의 향이 나서 붙여진 이름이다.
실제로 레시피에 사용할 때 향신료 4종을 섞은 카트르에피스와 혼동하지 않도록 한다.

향신료를 넣은 망고 무화과 다쿠아즈

향신료를 넣은 무화과 라즈베리 콩포트

1_ 볼에 찬물을 담고 판젤라틴을 넣어 부드럽게 불린다. 무화과는 작은 조각으로 썬다.

2_ 냄비에 카트르에피스와 무화과를 넣고, 실리콘스패튤러로 저으면서 2분 익힌다.

3_ 설탕을 넣고 레몬즙과 라즈베리를 넣어 2~3분 더 익힌다.

4_ 냄비를 불에서 내린 뒤, 불린 젤라틴의 물기를 꽉 짜서 넣고 섞는다.

5_ 지름 18㎝ 세르클의 한쪽 바닥을 랩으로 싸서 막는다.

6_ 작업대에 랩으로 싼 바닥이 아래로 가게 놓고, 만들어둔 콩포트를 붓는다. 스패튤러로 윗면을 고르게 잘 정리한 뒤, 냉동실에서 1시간 정도 얼린다.

다쿠아즈

7_ 오븐을 150℃(불세기 5)로 예열하여 코코넛가루를 5분 굽는다. 오븐온도를 200℃(불세기 6~7)로 높인다. 슈거파우더, 밀가루, 아몬드가루, 카트르에피스를 섞는다.

8_ 달걀흰자는 거품기 끝에 무스같이 단단한 뿔모양이 만들어질 때까지 휘핑하다가, 설탕을 넣고 계속 휘핑하여 단단한 머랭을 만든다.

9_ 머랭에 슈거파우더, 밀가루, 아몬드가루, 카트르에피스를 섞은 가루재료를 넣고 섞어서 12번 원형깍지를 낀 짤주머니에 담는다.

>>>

향신료를 넣은 망고 무화과 다쿠아즈

10_ 유산지 2장에 지름 20㎝ 세르클을 대고 연필로 원을 그린다. 2개의 오븐팬에 유산지를 1장씩 깔고, 그려놓은 2개의 원을 따라 소용돌이모양으로 반죽을 짠다.

11_ 다쿠아즈 위에 구운 코코넛가루를 뿌린다.

12_ 슈거파우더를 체에 쳐서 뿌리고, 각각 18분씩 굽는다.

망고 에피스 크림

13_ 볼에 달걀노른자와 설탕을 넣고 하얗고 되직해질 때까지 휘핑한 뒤, 감자전분을 넣는다.

14_ 냄비에 망고퓌레와 버터를 넣고 끓인다.

15_ 설탕을 넣어 휘핑한 달걀노른자에 붓고 섞는다.

16_ 냄비에 옮겨 담은 뒤, 카트르에피스와 팔각을 넣고 거품기로 계속 저으면서 끓인다. 팔각을 꺼내고 볼에 부어 냉장고에 1시간 정도 넣어둔다.

17_ 냉장고에서 망고 에피스 크림을 꺼내 매끄럽게 푼 뒤, 쿠앵트로를 넣는다. 무른 버터는 포마드 상태가 될 때까지 휘젓고, 다시 크림과 함께 세게 휘저어 섞는다.

18_ 생크림은 거품기 끝에 단단한 뿔모양이 만들어질 때까지 휘핑한다.

>>>

CHEF'S TIP

크림 종류에 생크림을 넣고 잘 섞으려면 조금씩 넣으면서 섞어야 한다.
그러면 덩어리가 풀어지면서 두 크림의 질감이 비슷해지고,
결과적으로 본 크림에 생크림이 잘 섞여서 가벼운 질감이 된다.

향신료를 넣은 망고 무화과 다쿠아즈

몽타주

19_ 휘핑한 생크림의 ⅓을 망고 에피스 크림에 넣어 힘차게 휘저어 섞고, 나머지 ⅔도 넣어 섞는다. PF16 프티푸르용 깍지를 낀 짤주머니에 담는다.

20_ 구운 다쿠아즈의 유산지를 떼어낸다.

21_ 다쿠아즈를 케이크받침 위에 놓는다. 냉동한 무화과 라즈베리 콩포트를 꺼내 랩을 벗긴다.

22_ 다쿠아즈 위에 얼린 콩포트를 얹는다.

23_ 짤주머니에 담은 망고 에피스 크림을 다쿠아즈 가장자리에 돌아가며 나선형으로 짠다.

24_ 무화과 라즈베리 콩포트 가운데에도 망고 에피스 크림을 소용돌이모양으로 짠다.

25_ 남은 다쿠아즈를 위에 덮는다.

26_ 무화과를 4등분한다. 슈거파우더를 체에 쳐서 다쿠아즈 위에 뿌린다.

27_ 4등분한 무화과, 라즈베리, 팔각으로 장식하여 완성한다.

FONDANT AUX POMMES
façon tatin

타탱 스타일
사과 퐁당

10 인분

작업 30분 — **가열** 1시간 5분 — **냉장** 4시간 — **보관** 냉장 2일

난이도 🍥

카라멜리제 사과	파트 브리제 쉬크레
사과 7개	밀가루 125g
버터 150g	버터 75g
설탕 150g	소금 1꼬집
시나몬파우더 1꼬집	슈거파우더 2작은술
	달걀 ½개(30g)
틀에 바를 버터 100g	물 1작은술
틀에 뿌릴 설탕 100g	

필요한 도구 사바랭틀 1개

뒤집어서 완성하는 타르트

뒤집어서 완성하는 방식인 '카라멜리제 사과 타르트'는 타탱 자매에 의해 유명해졌다.

전통 방식은 타탱틀 바닥에 사과를 채우고 버터와 설탕을 넣어 틀째 카라멜리제한 다음,

그 위에 파트 브리제 쉬크레를 덮고 오븐에 구워 접시에 뒤집어서 낸다.

타탱틀이 없으면 사과를 먼저 팬에 카라멜리제하여 틀에 넣고 타탱을 굽는다.

타탱스타일 사과 퐁당

카라멜리제 사과

1_ 사과는 껍질을 벗기고, 반으로 잘라 씨를 뺀다.

2_ 큰 팬에 버터와 설탕을 넣고 가열한다. 시나몬파우더를 넣고, 카라멜리제될 때까지 가열한다.

3_ 반으로 자른 사과를 넣고, 10분 정도 익힌다.

4_ 오븐을 220℃(불세기 7~8)로 예열한다. 틀에 버터를 바르고, 설탕을 뿌려둔다.

5_ 반으로 잘라 버터, 설탕, 시나몬파우더와 함께 조린 사과를 틀에 가지런히 담고, 설탕을 뿌려 오븐에 45분 굽는다.

파트 브리제 쉬크레

6_ 파트 브리제 쉬크레(p.490 참조)를 밀대로 밀어서 편 뒤, 틀 지름보다 조금 더 크게 원으로 잘라 냉장한다.

7_ 오븐에서 사과를 꺼내 조금 식힌 뒤, 냉장한 파트 브리제 쉬크레를 꺼내 위를 덮는다.

8_ 밀대로 위를 가볍게 밀어 틀 둘레의 여분의 반죽을 잘라낸다. 오븐온도를 200℃(불세기 6~7)로 낮추어 20분 굽는다.

9_ 4시간 정도 차게 식히고, 사바랭틀 바깥쪽을 잠시 중탕한다. 접시에 틀째 뒤집어 엎고 틀을 위로 빼낸다.

SABLÉ BRETON
chocolat-banane

초콜릿 바나나
사블레 브르통

8 인분

작업 1시간 + 초콜릿 템퍼링 30분 — **가열** 20~25분 — **냉장** 1시간 30분 — **보관** 냉장 2일

난이도 ✿

초콜릿 바나나 사블레 브르통	바나나 푸알레
저염버터 100g	바나나 180g
설탕 50g	버터 15g
헤이즐넛가루 20g	갈색설탕 30g
달걀노른자 1개(20g)	말리부(코코넛럼) 30㎖
밀가루 100g	
베이킹파우더 ½작은술	**밀크초콜릿 가나슈**
카카오파우더 2작은술	밀크초콜릿 180g
바나나 80g	생크림 250㎖
세르클에 바를 버터	**장식**
	커버추어 밀크초콜릿 100g
	슈거파우더

필요한 도구 지름 18㎝ 세르클 1개 — 10번 원형깍지 1개 — 생토노레깍지 1개

지름 5㎝ 원형커터 1개 — 짤주머니 2개

짤주머니와 깍지

짤주머니와 깍지는 제과에서 꼭 필요한 도구들이다. 앙트르메를 만들 때, 슈에 크림을 채울 때, 제품을 장식할 때 크림, 무스, 가나슈 등을 일정한 모양으로 깔끔하게 짤 수 있도록 도와준다. 깍지는 플라스틱이나 스테인리스 제품이 많으며, 짤주머니는 재사용하는 것도 있고 일회용도 있다.

초콜릿 바나나 사블레 브르통

초콜릿 바나나 사블레 브르통

1_ 오븐을 170℃(불세기 5~6)로 예열한다. 버터를 볼에 담고 포마드 상태가 될 때까지 휘저어 푼 뒤, 설탕과 헤이즐넛가루를 넣고 섞는다. 달걀노른자를 넣어 섞고, 밀가루, 베이킹파우더, 카카오 파우더, 포크로 미리 으깨둔 바나나를 넣어 섞는다. 10번 원형깍지를 낀 짤주머니에 담는다.

2_ 지름 18㎝ 세르클에 버터를 바르고, 유산지를 깐 오븐팬에 놓는다. 세르클 안쪽 벽면에 유산지를 두르고, 짤주머니에 담아둔 반죽을 테두리 안쪽에 물방울모양으로 짠다. 가운데는 소용돌이모양으로 짜서 오븐에 20~25분 굽는다.

바나나 푸알레

3_ 바나나를 동그랗게 썬다. 버터와 갈색설탕을 가열하여 카라멜리제하고, 둥글게 썬 바나나를 넣어 캐러멜이 배어들게 졸인다. 불에서 내려 말리부를 넣어 잘 섞고, 차게 식힌다.

밀크초콜릿 가나슈

4_ 초콜릿을 중탕으로 녹인다. 생크림을 부어 잘 섞고, 30분 정도 냉장한다.

5_ 냉장고에서 꺼내 거품기로 잘 풀고, 생토노레각지를 낀 짤주머니에 담는다.

몽타주 & 장식

6_ 구운 사블레 브르통을 세르클에서 빼내 차게 식힌다. 바나나 푸알레를 사블레 브르통 가장자리에서 2㎝ 안쪽까지 펴놓는다.

7_ 그 위에 밀크초콜릿가나슈를 물결모양으로 짜서 냉장고에 1시간 정도 넣어둔다. 냉장고에서 꺼낸 뒤, 슈거파우더를 체에 쳐서 가장자리에 뿌린다.

8_ 커버추어 밀크초콜릿을 템퍼링(p.494~495 참조)하여 차가운 작업대에 붓고 밀어 편다. 조금 굳으면 원형커터로 초콜릿을 긁어 두꺼운 대팻밥모양의 코포초콜릿을 만든다.

9_ 코포초콜릿에 슈거파우더를 뿌려서 케이크 위에 장식한다.

치즈케이크
앙트르메

10 인분

작업 1시간 — **가열** 20분 — **냉장** 3시간 50분 — **보관** 냉장 2일

난이도 ⚜ ⚜

사블레	화이트치즈무스	장식
쇼트브레드 타입 사블레 240g	물 20㎖	비스퀴 아 라 퀴이에르 100g
조각으로 자른 버터 90g	설탕 60g	라즈베리 50g
	달걀노른자 2개	골드파우더
라즈베리필링	필라델피아크림치즈 160g	블루베리 20g
물 20㎖	제스트용 레몬 ½개	피스타치오 1작은술
꿀 25g	생크림 50㎖	나파주
설탕 75g	판젤라틴 3장(6g)	슈거파우더
라즈베리 180g	생크림 250㎖	
굵게 간 후추 2알 분량		
발사믹식초 2작은술		
판젤라틴 2장(4g)		

필요한 도구 지름 20㎝, 높이 4.5㎝ 앙트르메세르클 1개 — 조리용 온도계 1개

치즈케이크

미국에서 인기 많은 치즈케이크는 뉴욕에서 시작된 것으로, 만드는 방법과 맛이 매우 다양하다.
일반적으로 비스킷이나 사블레, 스페퀼로스(spéculoos, 로투스처럼 시나몬과 생강향이 나는
단맛의 바삭한 과자) 등을 부수어 바닥에 깔고, 미국의 대표적인 화이트치즈인 크림치즈에
달걀, 설탕을 섞어서 채운다.

치즈케이크 앙트르메

사블레

1_ 볼에 사블레를 넣고, 밀대로 빻아 잘게 부순다. 버터를 넣고 다시 으깬다. 포크로 크럼블처럼 되도록 가볍게 섞는다.

2_ 유산지를 깐 오븐팬에 세르클을 놓는다. 숟가락으로 사블레반죽을 떠서 세르클 바닥을 채우고, 윗면을 눌러서 평평하고 고르게 정리한다. 그대로 냉장고에 30분 넣어둔다.

라즈베리필링

3_ 냄비에 물, 꿀, 설탕을 넣고, 조리용 온도계가 120℃가 될 때까지 끓인다.

4_ 120℃가 되면 라즈베리, 굵게 간 후추, 발사믹식초를 넣고, 스패튤러로 저으면서 2분 정도 익힌다. 판젤라틴은 찬물에 넣어 부드럽게 불린다.

5_ 판젤라틴의 물기를 꽉 짜서 냄비에 넣고, 스패튤러로 잘 섞는다.

6_ 냉장고에서 사블레를 꺼내고, 그 위에 완성된 라즈베리필링을 숟가락으로 떠서 고르게 편다.

화이트치즈무스

7_ 작은 냄비에 물과 설탕을 넣고 끓여서 시럽을 만든다. 달걀노른자를 볼에 담고, 휘핑하면서 뜨거운 시럽을 붓는다.

8_ 반죽이 식을 때까지 전동거품기로 계속 휘핑하여 '파트 아 봉브(Pâte à bombe, 달걀노른자를 끓인 시럽과 섞어서 거품을 올린 크림)'를 만든다.

9_ 볼에 필라델피아크림치즈를 담고, 레몬제스트를 갈아 넣는다. 판젤라틴은 찬물에 불린다.

>>>

치즈케이크 앙트르메

10_ 젤라틴의 물기를 꽉 짠다. 냄비에 생크림 50*ml*를 넣고 끓인 뒤, 물기를 뺀 젤라틴을 넣고 거품기로 잘 섞어서 녹인다.

11_ 필라델피아크림치즈가 담긴 볼에 붓고, 거품기로 잘 섞는다.

12_ 만들어둔 파트 아 봉브를 넣고, 거품기로 잘 섞는다.

13_ 생크림 250*ml*를 부드럽지만 어느 정도 단단해질 때까지 휘핑한다.

14_ 휘핑한 생크림을 **12**에 넣고 조심스럽게 섞는다.

몽타주 & 장식

15_ 실리콘스패튤러로 라즈베리필링 위에 화이트치즈무스를 바깥쪽에서 안쪽으로 고르게 펴놓는다.

16_ 금속스패튤러로 여분의 무스를 긁어내서 윗면을 매끈하게 다듬는다. 20분 정도 냉장한다.

17_ 오븐을 150℃(불세기 5)로 예열한다. 비스퀴 아 라 퀴이에르를 잘게 부수어 유산지를 깐 오븐팬에 고르게 편 뒤, 오븐에 20분 바싹 굽는다. 구운 비스퀴 아 라 퀴이에르를 화이트치즈무스 위에 골고루 뿌리고, 다시 3시간 정도 냉장한다.

18_ 세르클에서 앙트르메를 빼내고, 골드파우더를 묻힌 라즈베리와 블루베리, 피스타치오로 장식한다. 나파주는 작은 냄비에 넣고 데워서 작은 코르네(cornet, 유산지로 만든 원뿔모양의 작은 짤주머니)에 붓고, 앙트르메에 올린 라즈베리 위에 작은 방울모양으로 짠다. 슈거파우더를 뿌려 마무리한다.

CAKE POIRES TAPÉES,
cerises et abricots moelleux

건살구와 체리를 넣은
푸아르타페 케이크

6 인분

작업 30분 ─ **절이기** 10분 ─ **가열** 35~40분 ─ **보관** 랩에 싸서 4일

난이도 ☐

케이크	시럽
푸아르타페 50g	물 30㎖
아마레나체리* 30g	오렌지즙 30㎖
설탕에 절여 말린 무른 살구 50g	설탕 30g
그랑마르니에* 2작은술	그랑마르니에 2작은술
밀가루 110g	
무른 버터 110g	*아마레나체리(Amarena cherry)_ 이탈리아산 체리로,
슈거파우더 85g	주로 시럽에 절인 통조림을 사용한다.
큰 달걀 1개(60g)	*그랑마르니에(Grand Marnier)_
달걀노른자 1개(20g)	코냑 베이스의 오렌지향 리큐어.
베이킹파우더 ½작은술	

틀에 바를 무른 버터 20g

필요한 도구 18×6㎝ 직사각형틀 1개 ─ 브러시 1개

푸아르타페

앵드르에루아르(Indre-et-Loire) 지방의 특산품 '푸아르타페(poires tapées)'는
예로부터 전해 내려오는 전통 기술로 만든다. 먼저 서양배 껍질을 벗겨서 오븐에 구워 말린 뒤,
'플라티수에르(platissouerre)'라는 나무망치로 납작하게 눌러 펴고,
버들가지로 엮은 바구니에 넣어 보관한다. 조금 새콤한 맛을 띠는 '푸아르타페'는
이 자체로도 맛있지만, 간이 된 요리에 곁들이면 더욱 완벽한 조화를 이룬다.

케이크

1_ 푸아르타페, 체리, 살구를 작게 잘라 그랑마르니에에 넣고, 10분 절인다.

2_ 오븐을 170℃(불세기 5~6)로 예열한다. 틀에 버터를 바른다. 준비한 밀가루에서 2숟가락을 떠서 절인 과일에 넣고 버무린다.

3_ 무른 버터를 슈거파우더와 함께 휘젓는다.

4_ 슈거파우더를 섞은 무른 버터에 달걀과 달걀노른자를 차례로 넣으면서 거품기로 잘 섞는다.

5_ 남은 밀가루와 베이킹파우더도 넣고, 실리콘스패튤러로 섞는다.

6_ 밀가루를 넣어 버무린 절인 과일을 넣고 고르게 섞는다.

7_ 틀에 케이크반죽을 담고, 오븐에 35~40분 굽는다.

시럽

8_ 냄비에 물, 오렌지즙, 설탕을 넣고 끓인다. 불에서 내려 그랑마르니에를 넣고, 미지근하게 식힌다.

9_ 케이크를 오븐에서 꺼내 바로 브러시를 이용하여 시럽을 바른다.

BABA

passion-coco

패션프루트

코코넛 바바

10 인분

작업 45분 — **발효** 45분 — **가열** 40분 — **보관** 냉장 2일

난이도 ✿

바바 반죽	패션프루트 코코넛 시럽	패션프루트 나파주
밀가루 200g	물 600㎖	살구잼 또는 살구나파주 200g
설탕 20g	설탕 37g	패션프루트 2개
소금 1작은술	코코넛밀크 120㎖	
생이스트 15g	패션프루트퓌레 60g	**꿀 휘핑크림**
미지근한 물 1큰술	말리부 50㎖	생크림 250㎖
달걀 2개(100g)		꿀 40g
우유 110㎖		
말리부(코코넛럼) 1큰술		
버터 70g		
몰드에 바를 버터 20g		

필요한 도구 지름 20㎝ 쿠글로프몰드 1개 — 지름 6㎝ 미니 쿠글로프몰드 1개 — 짤주머니 2개

E7 별깍지 1개 — 브러시 1개

이스트(효모)

이스트는 곰팡이에서 얻는 살아 있는 미생물로, 반죽을 발효시켜 빵을 만들 때 사용한다.

밀가루에 있는 당을 먹이로 반죽을 발효시키고, 부풀리는 작용을 한다.

참고로, 이스트는 소금과 직접 닿지 않게 섞어야 한다.

소금이 이스트에 있는 유기 미생물을 죽게 하여 반죽이 발효되는 것을 막기 때문이다.

패션프루트 코코넛 바바

바바반죽

1_ 볼에 밀가루, 설탕, 소금을 넣는다. 그리고 미지근한 물에 이스트를 녹여 넣는다.

2_ 달걀과 우유를 넣고, 거품기로 골고루 섞는다.

3_ 말리부를 넣고, 조심스럽게 저어서 섞는다.

4_ 버터는 포마드 상태가 될 때까지 휘저어 푼 뒤, 반죽에 넣고 섞는다. 전동거품기로 계속 휘핑한다.

5_ 골고루 섞여서 매끄럽고 탄력 있는 반죽이 되면 짤주머니에 담는다.

6_ 쿠글로프몰드에 버터를 바른다.

7_ 짤주머니의 반죽을 큰 쿠글로프몰드에 ⅔ 정도 차게 짜고, 미니 몰드에도 ⅔ 정도 차게 짠다. 그대로 미지근한 곳에 45분 두어 발효시킨다. 오븐을 180℃(불세기 6)로 예열하여 미니 몰드는 20분, 큰 몰드는 40분 굽는다. 구운 바바는 오븐에서 꺼내 바로 몰드에서 빼낸다.

패션프루트 코코넛 시럽

8_ 냄비에 물과 설탕을 넣고 끓인다. 불을 끄고 코코넛밀크, 패션프루트퓌레, 말리부를 넣어 잘 섞은 뒤, 큰 볼에 붓는다.

9_ 구운 큰 바바를 다시 몰드에 넣고, 국자로 시럽을 떠서 그 위에 조금씩 붓는다. 바바를 시럽에 완전히 적신다.

>>>

CHEF'S TIP

바바를 파인애플, 자몽, 체리, 레몬 등 각자가 좋아하는 맛과 향으로 만들어보자.
럼 대신 버번위스키, 위스키, 키르슈(체리 증류주), 그랑마르니에(코냑 베이스의 오렌지향 리큐어) 등을 사용할 수도 있다.

10_ 시럽이 담긴 볼에 미니 바바를 넣고, 국자로 시럽을 여러 번 끼얹는다. 바바가 시럽에 완전히 적셔지면 식힘망 위에 올려 여분의 시럽이 떨어지게 한다.

11_ 다른 큰 볼 위에 식힘망을 올린 뒤, 시럽을 부어놓은 큰 바바를 뒤집어서 몰드를 뺀다.

12_ 국자로 바바에 남은 시럽을 끼얹고, 여분의 시럽이 떨어지도록 그대로 둔다.

패션프루트나파주

13_ 냄비에 살구잼(또는 살구나파주)과 패션프루트 코코넛 시럽을 조금 넣고 묽게 풀어서 끓인다. 브러시 끝에 작게 구슬모양의 결정체가 생길 때까지 저으면서 끓인다.

14_ 패션프루트를 반으로 자르고, 속을 파낸다. 즙과 함께 씨를 모두 긁어서 나파주에 넣는다.

꿀휘핑크림

15_ 생크림을 거품기 끝에 단단한 뿔모양이 만들어질 때까지 휘핑한 뒤, 꿀을 넣는다. E7 별깍지를 낀 짤주머니에 담는다.

몽타주 & 장식

16_ 식힘망 위에 큰 바바를 놓고, 브러시로 패션프루트나파주를 바른다.

17_ 바바 가운데에 꿀휘핑크림을 짜서 채운다.

18_ 그 위에 미니 바바를 얹고, 다시 꿀휘핑크림을 장미모양으로 짜서 장식한다. 패션프루트 씨를 몇 개 올린다.

LA TROPÉZIENNE
트로페지엔느

8 인분

작업 1시간 — **발효** 1시간 + 45분 — **냉장** 5시간 — **가열** 40분

난이도 ♧♧

<table>
<tr><td>브리오슈반죽</td><td>바닐라 크렘 시부스트</td></tr>
<tr><td>생이스트 1작은술</td><td>┌ 크렘 파티시에</td></tr>
<tr><td>우유 20㎖</td><td>우유 370㎖</td></tr>
<tr><td>바닐라에센스 1~2방울</td><td>달걀 75g</td></tr>
<tr><td>밀가루 170g</td><td>설탕 60g</td></tr>
<tr><td>소금 2.5g</td><td>옥수수전분 50g</td></tr>
<tr><td>달걀 2개(100g)</td><td>└ 바닐라빈 1개</td></tr>
<tr><td>설탕 20g</td><td>┌ 이탈리안머랭</td></tr>
<tr><td>버터 85g</td><td>달걀흰자 100g</td></tr>
<tr><td></td><td>물 40㎖</td></tr>
<tr><td>달걀물용 달걀노른자 1개(20g)</td><td>└ 설탕 160g</td></tr>
<tr><td>우박설탕 80g</td><td></td></tr>
</table>

필요한 도구 반죽기 — 지름 22㎝ 타르트세르클 1개 — 브러시 1개

트로페지엔느

프랑스의 유명한 도시 생트로페(Saint-Tropez)의 상징적 디저트이다.
가로로 반을 자른 브리오슈 사이에 오렌지꽃으로 향을 낸 크렘 무슬린을 채우고,
우박설탕을 뿌려 마무리한다. 이 레시피에서는 크렘 무슬린 대신
크렘 파티시에와 이탈리안머랭을 섞은 크렘 시부스트로 더 부드럽고 가벼운 느낌의
트로페지엔느(Tropézienne)를 만든다.

브리오슈반죽

1_ 바닐라에센스를 넣은 미지근한 우유에 이스트를 넣어 녹인다.

2_ 밀가루와 소금을 반죽기의 볼에 넣고 섞는다.

3_ 이스트를 녹인 우유를 붓고, 달걀을 넣는다. 반죽기에 후크를 끼우고 7~8분 돌린다.

4_ 설탕을 넣고 몇 분 더 반죽한다.

5_ 버터를 조금씩 넣으면서 반죽이 볼 가장자리에 붙지 않고 떨어질 때까지 5분 정도 계속 반죽한다.

6_ 반죽이 매끄러워지고 탄력이 생기면 큰 볼에 옮겨 담는다.

7_ 볼을 랩으로 덮어 미지근한 곳에 두고, 1시간 정도 발효시킨다.

8_ 손에 밀가루를 조금 바르고, 반죽의 공기를 빼면서 여러 번 접는다. 볼을 다시 랩으로 덮고 4시간 정도 냉장한다.

9_ 반죽을 공모양으로 둥글려서 작업대에 놓고, 손바닥으로 가볍게 눌러 편다.

>>>

10_ 오븐팬에 반죽을 옮겨놓고 세르클을 놓은 뒤, 세르클에 맞춰 반죽을 편다. 랩이나 축축한 수건으로 덮고, 미지근한 곳에서 부피가 2배로 커질 때까지 45분 정도 둔다.

11_ 오븐을 180℃(불세기 6)로 예열한다. 브리오슈반죽에 브러시로 달걀물을 바른다.

12_ 달걀물을 바른 반죽 위에 우박설탕을 골고루 뿌리고, 오븐에 40분 굽는다.

13_ 차게 식으면 브리오슈를 가로로 반을 자르고, 세르클을 뺀다.

바닐라 크렘 시부스트

14_ 바닐라빈을 길게 갈라서 칼끝으로 속을 긁어낸다. 크렘 파티시에(p.480 참조)를 휘저어 매끄러워지면, 긁어낸 바닐라 속을 넣는다. 곧이어 이탈리안머랭(p.487 참조)을 조금만 넣고, 크림에 잘 섞이도록 힘차게 휘젓는다.

15_ 남은 이탈리안머랭을 3번에 나누어 넣고, 스패튤러로 거품이 꺼지지 않도록 조심스럽게 섞는다.

몽타주

16_ 세르클을 이용하여 브리오슈 위에 바닐라 크렘 시부스트를 일정하게 올린다. 방법은 세르클을 브리오슈 위에 놓고 크림을 가득 얹은 뒤, 금속스패튤러로 윗면을 긁어서 여분의 크림을 정리하면 된다. 세르클을 그대로 빼면 완성.

17_ 잘라둔 브리오슈 윗부분을 8등분한다.

18_ 크렘 시부스트 위에 8등분한 브리오슈 조각을 동그랗게 올리고, 칼로 아랫부분까지 잘라서 8등분한다. 냉장고에 1시간 정도 두었다가 먹는다.

CROUSTILLANT FRUITS ROUGES
et chocolat blanc

화이트초콜릿
베리 크루스티양

10 인분

작업 1시간 — **가열** 15분 — **냉동** 2시간 — **보관** 냉장 2일

난이도 ♧

사부아 케이크
버터 70g

작은 달걀 2개(80g)

설탕 75g

밀가루 65g

베이킹파우더 1꼬집

라즈베리 30g

블루베리 20g

시리얼 크루스티양
화이트초콜릿 130g

베리 시리얼 100g

쌀튀밥 30g

쉬크르 페티양* 2작은술

화이트초콜릿 서양배 무스
판젤라틴 2장(4g)

서양배퓌레 100g

꿀 1큰술

생크림 4큰술

화이트초콜릿 235g

생크림 220㎖

시트 에 바를 시럽
라즈베리브랜디 2작은술

장식
슈거파우더

* 쉬크르 페티양(sucre pétillant)_
  신맛이 나면서 톡톡 터지는 설탕.

필요한 도구 지름 20㎝ 앙트르메세르클 1개 — 지름 18㎝ 앙트르메세르클 1개 — 브러시 1개

붉은색 초콜릿스프레이 1통 — 토치 1개 — 케이크받침 1개

바삭한 식감의 크루스티양

앙트르메에 바삭바삭한 식감을 더하고 싶다면,

녹인 초콜릿에 시리얼을 섞고 차갑게 굳혀서 크루스티양을 만든다.

이를 마지막 몽타주할 때 넣는다. 같은 방법으로 시리얼 대신 구운 크레이프 조각을 넣거나,

화이트초콜릿 대신 다크초콜릿 등을 사용하여 원하는 맛의 크루스티양을 만들어보자.

화이트초콜릿 베리 크루스티양

사부아케이크

1_ 오븐을 200℃(불세기 6~7)로 예열하고, 버터는 뜨겁게 가열하여 녹여둔다. 볼에 달걀과 설탕을 넣어 휘핑하고, 밀가루와 베이킹파우더를 넣어 섞는다. 미지근하게 식은 녹인 버터도 넣어 섞는다.

2_ 유산지를 깐 오븐팬에 반죽을 붓는다.

3_ 크렌베리와 블루베리를 반으로 잘라 올리고, 오븐에 15분 굽는다.

시리얼 크루스티양

4_ 화이트초콜릿을 중탕하여 녹인 뒤, 베리 시리얼, 쌀튀밥, 쉬크르 페티양을 넣고 섞는다.

5_ 유산지를 깐 도마에 지름 20㎝ 세르클을 놓고, 시리얼 크루스티양을 넣는다. 숟가락으로 세르클에 맞춰 고르게 잘 편다.

6_ 남은 크루스티양은 장식으로 사용하기 위해 유산지 위에 몇 덩어리를 군데군데 놓아 함께 냉장한다.

화이트초콜릿 서양배 무스

7_ 판젤라틴을 찬물에 넣어 부드럽게 불린다. 냄비에 서양배퓌레, 꿀, 생크림 4큰술을 넣고 끓인 뒤 불을 끈다. 젤라틴의 물기를 꽉 짜서 넣고 섞은 뒤, 볼에 담아놓는다.

8_ 잘게 부순 화이트초콜릿을 넣고, 골고루 섞어서 미지근하게 식힌다. 그동안 생크림 220㎖를 부드럽지만 어느 정도 단단해질 때까지 휘핑하여 미리 미지근하게 식혀둔 반죽과 섞는다.

몽타주 & 장식

9_ 구운 사부아케이크의 유산지를 떼어낸다.

>>>

10_ 사부아케이크 위에 지름 18cm 세르클을 놓고 모양에 맞게 칼로 자른다.

11_ 브러시로 케이크 위에 라즈베리브랜디를 바른다.

12_ 냉장해둔 크루스티양 세르클을 꺼내서 크루스티양 위에 화이트초콜릿 서양배 무스를 붓고 스패튤러로 잘 편다.

13_ 그 위에 라즈베리브랜디를 바른 사부아케이크를 올린다.

14_ 남은 무스를 모두 붓고, 금속스패튤러로 여분의 무스를 긁어내서 윗면을 매끈하게 정리한다. 앙트르메를 2시간 냉동한다.

15_ 작업대에 랩을 깔고, 식힘망을 놓는다. 그 위에 냉동한 앙트르메를 놓고, 붉은색 초콜릿스프레이를 윗면에 골고루 색이 나게 뿌린다.

16_ 작업대에 앙트르메보다 작은 볼을 뒤집어놓고 앙트르메를 올린 뒤, 토치로 세르클 겉면을 가볍게 그을려 세르클을 아래로 빼낸다. 앙트르메를 케이크받침에 올린다.

17_ 앙트르메 윗면의 바깥쪽 일부에 슈거파우더를 뿌린다.

18_ 장식을 위해 조금씩 떼어서 굳혀두었던 시리얼 크루스티양으로 앙트르메 위를 장식한다.

서양배 통카

앙트르메

10 인분

작업 1시간 30분 + 크렘 파티시에 15분 — **가열** 약 35분 — **냉장** 1시간 30분 — **보관** 냉장 2일

난이도 ♡

말린 서양배
서양배 4개

나파주

통카콩으로 향을 낸
서양배 푸알레
버터 30g

설탕 40g

깍둑썰기한 서양배

통카콩 ⅓개

호두비스퀴
달걀노른자 4개(75g)

설탕 55g

달걀흰자 2½개(70g)

설탕 20g

밀가루 20g

감자전분 25g

녹인 버터 40g

굵게 다진 호두 30g

통카콩크림
크렘 파티시에

우유 170㎖

통카콩 ⅓개

달걀노른자 4개(80g)

설탕 40g

옥수수전분 1큰술

젤라틴가루 35g

생크림 200㎖

캐러멜글라사주
나파주 150g

액상 캐러멜 1작은술

붉은 색소 칼끝으로 아주 조금

필요한 도구 실리콘매트 1개 — 지름 22㎝ 앙트르메세르클 1개 — 케이크받침 1개

통카콩

남아메리카가 원산지인 통카콩(Tonka bean)은 티크(teck)나무의 열매이다.
캐러멜과 아몬드를 섞은 듯한 강한 향이 있고 많이 먹으면 유해하기 때문에
보통 크림 등에 아주 조금만 넣어서 향을 낸다. 갈아서 또는 액체에 우려서 사용하며,
특히 서양배와 환상적인 조화를 이룬다.

서양배 통카 앙트르메

말린 서양배

1_ 오븐을 180℃(불세기 6)로 예열한다. 서양배 1개는 껍질을 벗기지 않고 가운데에서 평평하게 2쪽을 슬라이스한다. 양 끝부분과 나머지 배는 깍둑썰기해서 '통카콩으로 향을 낸 서양배 푸알레'를 만들 때 사용한다.

2_ 평평하게 슬라이스한 배 2쪽을 팬에 넣고, 한 면을 5분씩 익힌다. 실리콘매트에 올려 오븐에 넣고, 15분 건조한다.

통카콩으로 향을 낸 서양배 푸알레

3_ 먼저 버터와 설탕을 끓여서 카라멜리제되면 깍둑썰기한 서양배를 넣고, 캐러멜이 배에 충분히 스며들 때까지 조린다. 통카콩을 갈아 넣고 잘 섞은 뒤, 볼에 옮겨 담아 냉장한다.

호두비스퀴

4_ 오븐온도를 180℃로 유지한다. 달걀노른자와 설탕이 하얗고 되직해질 때까지 휘핑한다.

5_ 큰 볼에 달걀흰자를 넣고 휘핑한다. 거품기 끝에 단단한 뿔모양이 만들어지면 설탕을 넣고, 다시 단단하게 휘핑하여 머랭을 만든다.

6_ 앞에서 설탕과 함께 휘핑한 달걀노른자를 섞는다.

7_ 밀가루, 감자전분, 녹인 버터를 넣고, 조심스럽게 섞는다.

8_ 굵게 다진 호두를 넣어 섞는다.

9_ 유산지를 깐 오븐팬에 세르클을 놓고, 반죽을 부어 오븐에 22분 굽는다.

>>>

통카콩크림

10_ 통카콩을 갈아 우유에 넣고, 가열하여 크렘 파티시에(p.480 참조)를 만든다. 완성된 크렘 파티시에가 뜨거울 때 젤라틴가루를 넣어 섞고, 30분 정도 냉장한다. 생크림을 거품기 끝에 단단한 뿔모양이 만들어질 때까지 휘핑한 뒤, 통카콩을 섞은 크렘 파티시에에 조금 넣고 휘저어서 잘 푼다. 계속해서 나머지 휘핑한 생크림도 넣고, 조심스럽게 골고루 섞는다.

몽타주

11_ 통카콩으로 향을 낸 서양배 푸알레와 통카콩크림을 섞는다.

12_ 비스퀴의 세르클을 빼낸 뒤, 유산지에 놓고 1.5cm 두께로 자른다.

13_ 케이크반침에 세르클을 놓고, 1.5cm 두께의 비스퀴를 넣는다.

14_ 서양배 푸알레를 섞은 통카콩크림을 세르클에 가득 채우고, 금속스패튤러로 여분의 크림을 긁어내서 윗면을 깔끔하게 정리한다. 1시간 동안 냉장한다.

캐러멜글라사주

15_ 나파주, 캐러멜, 붉은 색소를 섞는다.

16_ 냉장했던 앙트르메를 꺼내 위에 글라사주를 붓는다.

17_ 금속스패튤러로 여분의 글라사주를 긁어내서 윗면을 매끈하게 정리한다.

18_ 세르클을 빼내고, 말린 서양배를 나파주에 한 번 담갔다가 앙트르메 위에 올려 장식한다.

FORÊT-NOIRE
포레-누아르

10 인분

작업 1시간 15분 — **가열** 30분 — **냉장** 1시간 — **보관** 냉장 2일

난이도 ⬡⬡

제누아즈 쇼콜라
달걀 4개(200g)
달걀노른자 1개(20g)
설탕 120g
밀가루 50g
감자전분 50g
카카오파우더 20g

시트에 바를 시럽
물 150㎖
설탕 200g
키르슈(체리 증류주) 30㎖

대팻밥모양의 코포초콜릿
밀크초콜릿 200g

크렘 샹티이
생크림 500㎖
슈거파우더 50g
바닐라파우더 칼끝으로 조금

체리
체리콩피 350g

필요한 도구 지름 20㎝, 높이 6㎝ 앙트르메세르클 1개 — 케이크받침 1개

포레-누아르

독일에서 전해진 포레-누아르(Forêt-noire)는 제누아즈 쇼콜라에 키르슈시럽을 바르고,
크렘 샹티이와 체리로 장식한 앙트르메이다. 크렘 샹티이로 제누아즈를 아이싱한 뒤,
체리와 대팻밥모양의 코포(copeaux) 초콜릿으로 장식한다.
알자스의 특산품으로 유명하다.

제누아즈 쇼콜라

1_ 오븐을 170℃(불세기 5~6)로 예열한다. 달걀, 달걀노른자, 설탕을 전동거품기로 휘핑한 뒤, 중탕하면서 하얗고 되직해질 때까지 휘핑한다.

2_ 중탕에서 내려 전체가 완전히 식을 때까지 휘핑한다. 거품기로 반죽을 들어 떨어뜨렸을 때 반죽이 끊기지 않고 부드럽게 흘러내리면서 리본모양을 그리면 완성이다.

3_ 밀가루, 감자전분, 카카오파우더를 함께 체에 쳐서 넣고, 스패튤러로 고르게 섞는다.

4_ 유산지를 깐 오븐팬에 세르클을 놓고 반죽을 부은 뒤, 오븐에 30분 정도 구워서 차게 식힌다.

시트에 바를 시럽

5_ 냄비에 물과 설탕을 넣어 끓이고, 식혀서 키르슈를 넣는다.

대팻밥모양의 코포초콜릿

6_ 밀크초콜릿을 중탕으로 녹여서 작업대에 붓고, 금속스패튤러 2개로 초콜릿을 밀어서 폈다 다시 모으면서 온도를 낮춘다. 전체를 밀어 펴서 굳힌다.

7_ 금속스패튤러의 날로 초콜릿을 긁어 대팻밥모양의 코포초콜릿을 만든다.

크렘 샹티이

8_ 생크림을 거품기 끝에 단단한 뿔모양이 만들어질 때까지 휘핑하다가, 슈거파우더와 바닐라파우더를 넣고 조금 더 휘핑한다.

몽타주 & 장식

9_ 제누아즈의 세르클을 빼고, 가로로 3등분한다.

>>>

10_ 제누아즈 1개를 케이크받침 위에 놓는다. 브러시로 시럽을 바르고, 크렘 샹티이를 올려 금속 스패튤러로 매끈하게 펴 바른다.

11_ 체리콩피를 얹는다.

12_ 2번째 제누아즈에 시럽을 발라 그 위에 올린다.

13_ 다시 크렘 샹티이로 위를 덮고 금속스패튤러로 매끈하게 편 뒤, 체리콩피를 올린다.

14_ 3번째 제누아즈에 시럽을 잘 발라서 그 위에 올린다.

15_ 금속스패튤러로 케이크 옆면에 크렘 샹티이를 바른다.

16_ 케이크 윗면에도 크렘 샹티이를 바른 뒤, 여분의 크림을 정리하여 깔끔하게 마무리한다.

17_ 크렘 샹티이를 앙트르메 위에 1겹 더 바른 뒤, 숟가락 뒷면으로 크림을 가볍게 쳐서 크림이 뿔처럼 서도록 모양을 낸다.

18_ 체리콩피와 대팻밥모양의 코포초콜릿으로 케이크를 장식한다. 냉장고에 1시간 정도 넣어두었다가 먹는다.

CHEF'S TIP

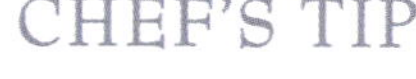

대팻밥모양의 코포초콜릿을 더 빠르게 만들고 싶다면, 판초콜릿을 사서 필러로 긁어보자.
꽤 그럴듯한 모양의 코포초콜릿이 된다.

MARBRÉS
au chocolat

초콜릿
마블케이크

미니 마블케이크 3개

작업 30분 – **가열** 약 35분 – **보관** 랩에 싸서 4~5일

난이도 ♡

케이크 반죽	카카오 반죽
버터 180g	카카오파우더 20g
슈거파우더 180g	우유 100㎖
달걀 3½개(180g)	
바닐라빈 1개	틀에 바를 무른 버터 50g
밀가루 240g	틀에 뿌릴 밀가루
베이킹파우더 1작은술	

필요한 도구 14×6㎝ 직사각형틀 3개

초콜릿의 역사

카카오나무를 처음 재배한 마야문명에서는 구운 카카오콩을 잘게 빻아서
끓인 페이스트에 물을 섞은 쓴 음료를 마셨다. 후대의 아즈텍문명은
쓴 초콜릿 음료에 설탕과 바닐라, 시나몬, 꿀 등을 타서
'쇼콜라틀(Xocolatl)'이라는 음료로 즐겼다. 16세기로 넘어가면서
카카오는 신대륙 정복자들에 의해 스페인에 전해졌고,
1세기 후에는 유럽 전역으로 널리 퍼졌다.

초콜릿 마블케이크

케이크반죽

1_ 오븐을 170℃(불세기 5~6)로 예열한다. 틀에 버터를 바르고 밀가루를 뿌린 뒤, 틀을 뒤집어서 여분의 밀가루를 털어낸다. 무른 버터를 볼에 담고, 휘저어서 포마드 상태로 푼다.

2_ 슈거파우더를 넣고 잘 섞는다.

3_ 달걀을 넣고 거품기로 섞는다.

4_ 바닐라빈을 길게 갈라서 칼끝으로 속을 긁어 넣는다.

5_ 밀가루와 베이킹파우더를 함께 체에 친다. 반죽에 여러 번 나누어 넣고, 골고루 섞는다.

6_ 바닐라반죽의 ⅓을 다른 볼에 덜어놓는다.

카카오반죽

7_ 작은 볼에 우유와 카카오파우더를 잘 풀어서 반죽한다. 덜어놓은 바닐라반죽과 함께 거품기로 완전히 섞는다.

마블무늬

8_ 틀에 먼저 바닐라반죽을 넣고, 그 위에 카카오반죽을 붓는다.

9_ 반죽에 마블무늬가 생길 때까지 포크로 왔다갔다 휘젓는다. 틀로 바닥을 가볍게 치고, 오븐에 35분 굽는다. 칼로 찔러서 묻어나는 것이 없으면 완전히 익은 것이다.

FRAISIER
프레지에

8 인분

작업 1시간 + 제누아즈 30분 + 크렘 파티시에 15분 — **가열** 약 30분

냉장 1시간 + 크렘 파티시에 30분 — **보관** 냉장 2일

난이도 ♧♧

제누아즈	크렘 무슬린	장식
달걀 3개(150g)	크렘 파티시에	딸기 400g
설탕 110g	우유 370㎖	레드커런트 1송이
아몬드가루 30g	버터 25g	라즈베리 3개
밀가루 115g	달걀노른자 3개(60g)	
버터 20g	설탕 80g	
	밀가루 20g	
시트에 바를 시럽	옥수수전분 25g	
설탕 120g	버터 200g	
물 150㎖		
키르슈(체리 증류주) 20㎖		

필요한 도구 지름 16㎝ 앙트르메세르클 1개 — 지름 14㎝ 앙트르메세르클 1개 — 짤주머니 1개

10번 원형깍지 1개 — 케이크받침 1개

프랑스 파티세리의 위대한 걸작

프레지에는 시럽을 바른 제누아즈와 버터크림, 딸기로 이루어진 앙트르메이다.
요즘에는 버터크림 대신 버터와 크렘 파티시에를 섞은 크렘 무슬린을 사용하는데,
덕분에 더 가벼우면서 부드러운 맛이 돋보인다.

제누아즈

1_ 오븐을 170℃(불세기 5~6)로 예열한다. 유산지를 깐 오븐팬에 지름 16㎝ 세르클을 놓고, 제누아즈반죽(p.484 참조)을 붓는다. 오븐에 30~35분 구워서 차게 식힌다. 제누아즈 시트를 같은 두께로 2장 자른다.

2_ 지름 14㎝ 세르클로 제누아즈 시트를 찍어낸다. 남은 제누아즈는 장식에 사용하기 위해 둔다.

시트에 바를 시럽

3_ 냄비에 물과 설탕을 넣고 끓여서 차게 식힌 뒤, 키르슈를 넣는다.

크렘무슬린

4_ 크렘 파티시에(p.480 참조)를 볼에 담고, 매끄럽게 휘핑한다.

5_ 버터를 포마드 상태로 푼 뒤, 크렘 파티시에에 넣고 휘저어 섞는다. 완성된 크렘 무슬린을 10번 원형깍지를 낀 짤주머니에 담는다.

몽타주 & 장식

6_ 케이크받침 위에 지름 16㎝ 세르클을 놓고, 세르클 안쪽 가장자리에 크렘 무슬린을 1줄 둥글게 짠다.

7_ 브러시로 제누아즈에 시럽을 고루 바른 뒤, 세르클에 넣는다.

8_ 그 위에 크렘 무슬린을 짜는데, 먼저 바깥쪽에 한 줄 짜고, 가운데는 소용돌이모양으로 짜서 채운다.

9_ 딸기를 반으로 잘라 자른 면이 세르클에 닿도록 가장자리에 가지런히 놓는다.

>>>

10_ 딸기 위에 크렘 무슬린을 짠다.

11_ 크림이 딸기를 잘 덮도록 스패튤러로 크림을 세르클 벽면으로 긁어 올린다.

12_ 크림이 정리된 가장자리 조금 안쪽에 남은 딸기를 올린다.

13_ 다시 크렘 무슬린을 짜서 딸기를 모두 덮고, 스패튤러로 표면을 매끈하게 정리한다.

14_ 2번째 제누아즈 시트로 위를 덮고, 브러시로 시트에 시럽을 바른다.

15_ 제누아즈 시트 위에 크렘 무슬린을 1번 더 소용돌이모양으로 짜고, 스패튤러로 매끈하게 정리한다.

16_ 잘라내고 남은 제누아즈를 잘게 부수어 위에 뿌리고, 1시간 정도 냉장한다.

17_ 슈거파우더를 뿌리고, 세르클을 조심스럽게 뺀다.

18_ 딸기, 라즈베리, 레드커런트로 장식한다.

CHEF'S TIP

좀 더 전통적으로 만들려면 제누아즈 부스러기와 슈거파우더 대신,

위에 분홍색 아몬드 페이스트로 덮고 레드 베리 몇 알을 올려 장식한다.

또한, 이탈리안머랭(p.487 참조)을 발라 마무리할 수도 있는데,

이 경우에는 보다 고급스러운 프레지에를 만들 수 있다.

PAVÉ SUISSE

파베 스위스

8 인분

작업 45분 + 파트 쉬크레 15분 — **가열** 40분 — **냉장** 10분 + 파트 쉬크레 30분 — **보관** 밀폐용기에 3일

난이도 ☁

사과조림	아몬드 아파레유
사과 1개	무른 버터 140g
설탕 30g	설탕 120g
물 30㎖	아몬드가루 30g
	달걀 1½개(75g)
	달걀노른자 1개(20g)
파트 쉬크레(타르트지)	바닐라파우더 1꼬집
밀가루 105g	밀가루 30g
버터 50g	달걀흰자 1개(30g)
슈거파우더 50g	설탕 20g
아몬드가루 15g	
달걀 ½개(25g)	**장식**
	슈거파우더
세르클에 바를 버터	

필요한 도구 지름 16㎝, 높이 4.5㎝ 앙트르메세르클 1개

포마드버터

버터를 휘핑하여 포마드 상태로 만든 것이다.

재료들을 전체적으로 고루 섞을 때 포마드한 버터를 넣으면 보다 쉽게 섞인다.

포마드버터는 재료들을 유화시켜 부드럽게 한다.

녹아서 액체가 되거나, 지나치게 휘핑하여 분리되지 않도록 주의한다.

100

사과조림

1_ 사과는 껍질을 벗기고 반으로 잘라 씨를 뺀 뒤, 1㎝ 크기의 정사각형으로 깍둑썰기한다. 냄비에 물, 설탕, 깍둑썰기한 사과를 넣고, 과육이 부드러워질 때까지 익힌다.

타르트지

2_ 밀가루를 뿌린 작업대에 파트 쉬크레(p.488~489 참조)를 놓고, 2㎜ 두께로 밀어 편다. 세르클로 반죽을 찍어낸 뒤, 유산지를 깐 오븐팬에 놓는다. 세르클에 버터를 바른다.

3_ 찍어내고 남은 반죽을 소시지모양으로 만든 뒤, 밀대로 2㎜ 두께의 직사각형으로 밀어 편다.

4_ 직사각형 반죽에 세르클의 옆면을 대고, 칼로 높이는 세르클 높이 4.5㎝ 보다 조금 높고, 길이는 세르클 둘레의 길이 정도 되게 띠모양으로 자른다.

5_ 띠모양으로 자른 반죽에 밀가루를 살짝 묻혀서 밀대에 감아놓는다. 오븐팬의 반죽 위에 세르클을 놓고, 밀대에 감아놓은 띠모양의 반죽을 세르클 안쪽 면을 따라 붙인다. 세르클 위로 올라오는 반죽은 칼로 깔끔하게 잘라내고, 10분 정도 냉장한다.

아몬드 아파레유

6_ 무른 버터를 포마드 상태로 푼 뒤, 설탕을 넣고 휘저어 섞는다. 아몬드가루를 넣고, 달걀과 달걀노른자 섞은 것을 2번에 나눠 넣으며 휘저어 완전히 섞는다. 바닐라파우더와 밀가루를 넣고 거품기로 섞는다.

7_ 달걀흰자를 거품기 끝에 단단한 뿔모양이 만들어질 때까지 휘핑하다가, 설탕을 넣고 머랭을 만든다. **6**과 함께 실리콘스패튤러로 잘 저어 섞는다.

몽타주 & 장식

8_ 오븐을 170℃(불세기 5~6)로 예열한다. 타르트지에 사과조림을 깐다.

9_ 아몬드 아파레유를 붓고, 스패튤러로 표면을 매끈하게 정리한다. 오븐에 40분 구워서 차게 식힌 뒤, 세르클을 빼낸다. 슈거파우더를 조금 뿌려서 마무리한다.

Pâtisseries individuelles & Desserts à l'assiette

인디비주얼
& 플레이팅 디저트

ÉCLAIRS
chocolat-framboise

초콜릿 라즈베리
에클레어

에클레어 **15 개**

작업 1시간 + 파트 아 슈 15분 — **가열** 35분 — **보관** 냉장 2일

난이도 ♙

파트 아 슈	초콜릿 라즈베리 무스	장식
우유 170㎖	밀크초콜릿 90g	붉은색 파트 아 쉬크르(슈거페이스트) 200g
버터 70g	라즈베리퓌레 100g	나파주 150g
설탕 1½작은술	젤라틴가루 1작은술	붉은 색소 칼끝으로 아주 조금
고운 소금 ½작은술	설탕 1작은술	골드파우더 칼끝으로 조금
밀가루 100g	생크림 200㎖	라즈베리 125g
달걀 3개(140g)		

필요한 도구 짤주머니 2개 — PF16 프티푸르용 깍지 1개 — 10번 원형깍지 1개 — 6번 원형깍지 1개

에클레어의 기원

에클레어는 19세기 말, 리옹에서 시작되었다.

당시 파티시에였던 앙토냉 카렘(Antonin Carême)은 아몬드와 파트 아 슈를 베이스로 한
긴 막대모양의 과자 '팽 아 라 뒤셰스(Pain à la duchesse)'에 크렘 파티시에를 채워
에클레어로 재탄생시켰다.

지금은 전통적인 초콜릿, 바닐라, 커피맛 외에도 다양한 모양과 맛으로 변화하고 있다.

초콜릿 라즈베리 에클레어

파트 아 슈

1_ 오븐을 180℃(불세기 6)로 예열한다. PF16 프티푸르용 깍지를 낀 짤주머니에 파트 아 슈(p.483 참조)를 담는다.

2_ 유산지를 깐 오븐팬에 길이 10㎝ 소시지모양으로 파트 아 슈를 짜는데, 구우면서 서로 달라붙지 않도록 일정하게 간격을 둔다. 오븐에 35분 구운 뒤, 오븐 문을 조금 열어 2분 정도 김을 뺀다.

초콜릿 라즈베리 무스

3_ 초콜릿을 잘게 부수어 볼에 담는다. 냄비에 라즈베리퓌레, 젤라틴가루, 설탕을 넣고 가열한다. 잘 섞이면 불을 끈다.

4_ 바로 초콜릿에 부어 전체를 골고루 섞고, 미지근하게 식힌다.

5_ 생크림을 어느 정도 단단해질 때까지 휘핑한다. **4**에 넣고 섞은 뒤, 10번 원형깍지를 낀 짤주머니에 담아놓는다.

몽타주 & 장식

6_ 구운 에클레어 바닥에 6번 원형깍지로 구멍을 3개 뚫고, 초콜릿 라즈베리 무스를 채워 넣는다. 밖으로 삐져나온 크림은 숟가락으로 깔끔하게 긁어서 정리한다.

7_ 붉은색 파트 아 쉬크르를 10×2㎝ 직사각형으로 자른다. 브러시로 에클레어 위에 나파주를 바르고, 잘라놓은 파트 아 쉬크르를 붙인다.

8_ 골드파우더를 조금 남겨두고 나파주, 붉은 색소와 함께 섞은 뒤, 에클레어 윗면을 살짝 담갔다 뺀다. 손가락으로 둘레를 매끈하게 쓸어 정리한다.

9_ 라즈베리의 꼭지 쪽을 골드파우더에 살짝 찍어서 에클레어에 올려 장식한다.

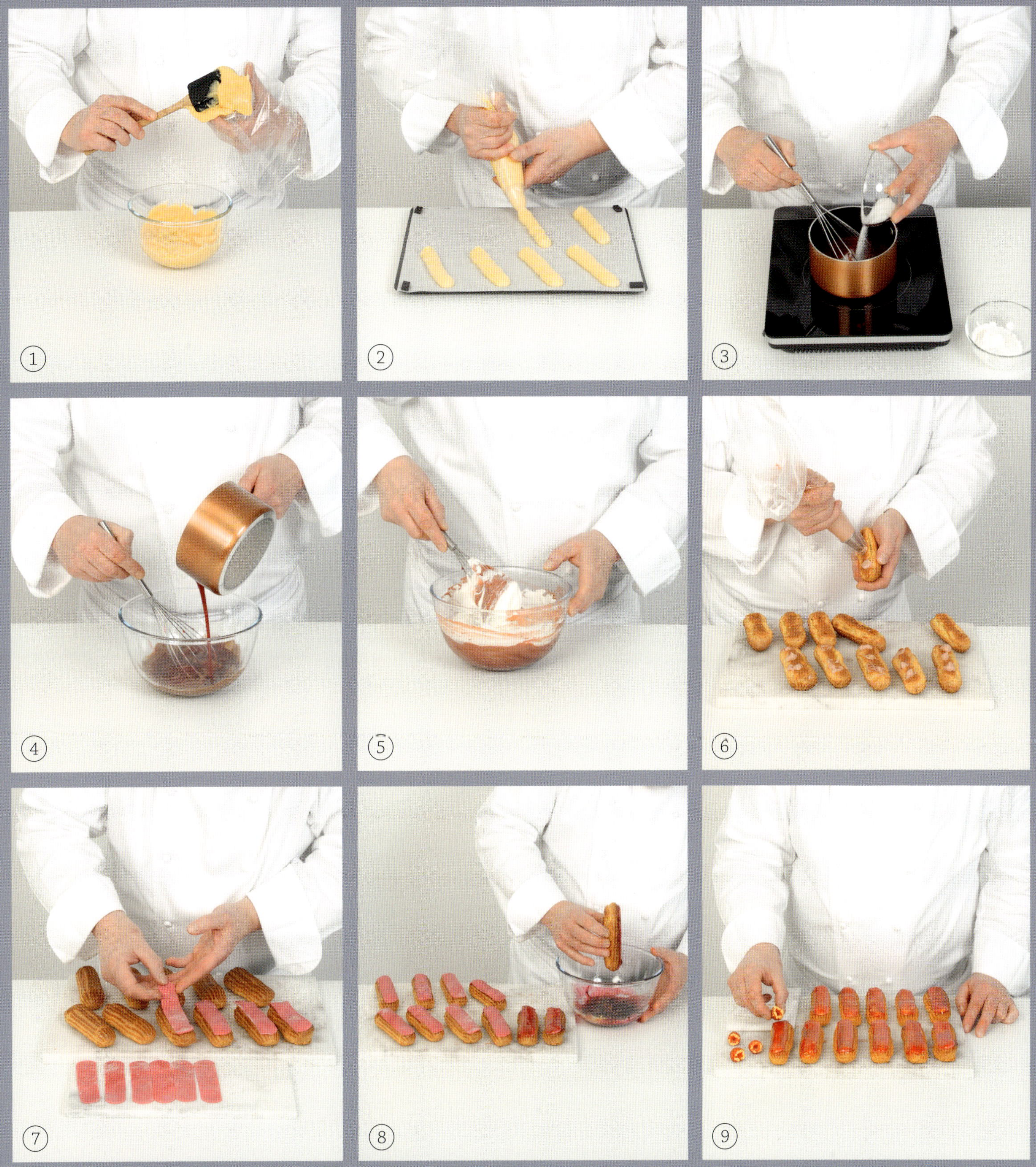

CHOUX CROUSTILLANTS
au chocolat

슈 크루스티양
오 쇼콜라

슈 15 개

작업 1시간 30분 — **가열** 35분 — **냉장** 1시간 15분 — **보관** 냉장 2일

난이도 ♧

크라클랭 오 쇼콜라
무른 버터 75g
밀가루 75g
갈색설탕 80g
무가당 카카오파우더 12g

파트 아 슈
우유 170㎖
버터 70g
설탕 1½작은술
고운 소금 ½작은술
밀가루 100g
달걀 3개(140g)

초콜릿크림
크렘 파티시에
우유 370㎖
버터 25g
달걀노른자 3개(70g)
설탕 80g
밀가루 20g
옥수수전분 25g
카카오 72% 다크초콜릿 100g
생크림 70㎖

초콜릿글라사주
카카오 72% 다크초콜릿 160g
무가당 카카오파우더 2작은술
물 30㎖
생크림 130㎖
글루코오스(포도당) 80g
나파주 20g

필요한 도구 짤주머니 2개 — 10번 원형깍지 1개 — 6번 원형깍지 1개 — 지름 5㎝ 원형커터 1개 — 골드스프레이 1통(선택)

'파트 아 슈'의 성공 키워드

납작한 슈는 모든 미식가에게 악몽이다.
슈를 잘 만들기는 매우 어려운데, 결정적으로 가장 중요한 것은 반죽의 수분을 날리는 것이다.
파트 아 슈(슈반죽)는 수분이 많아서 오븐에 굽기 전 냄비에 넣고 가열하면서
충분히 볶는 과정을 거치면, 오븐에서 구울 때 슈가 안정적으로 부풀고
특유의 건조한 상태가 된다.

슈 크루스티양 오 쇼콜라

크라클랭 오 쇼콜라

1_ 무른 버터와 밀가루, 갈색설탕, 카카오파우더를 볼에 담고, 손끝으로 한 덩어리로 뭉친다. 전체가 골고루 잘 섞일 때까지 으깨면서 반죽하여 15분 냉장한다.

2_ 유산지에 밀가루를 뿌리고, 크라클랭반죽을 밀대로 아주 얇게 밀어 편다.

파트 아 슈

3_ 파트 아 슈(p.483 참조)는 10번 원형깍지를 낀 짤주머니에 담고, 오븐을 180℃(불세기 6)로 예열한다. 오븐팬에 유산지를 깔고, 파트 아 슈를 지름 5㎝ 정도의 동그란 모양으로 짠다.

4_ 크라클랭반죽을 지름 5㎝ 원형커터로 찍어서 그 위에 1개씩 올린 뒤, 오븐에 35분 굽는다. 오븐 문을 조금 열어 2분 정도 김을 뺀다.

초콜릿크림

5_ 크렘 파티시에(p.480 참조)를 만든다. 초콜릿을 잘게 부수어 볼에 담고, 뜨거운 크렘 파티시에를 부어 섞는다. 냉장고에 1시간 정도 둔다.

6_ 생크림을 거품기 끝에 단단한 뿔모양이 만들어질 때까지 휘핑한다. 냉장고에 넣어둔 초콜릿크림을 꺼내서 휘핑한 생크림을 조금만 넣고 휘저어 완전히 섞는다. 계속해서 나머지 휘핑한 생크림을 넣고, 조심스럽게 섞어 10번 원형깍지를 낀 짤주머니에 담는다.

초콜릿글라사주

7_ 초콜릿을 잘게 부수어 카카오파우더와 함께 볼에 담는다. 물, 생크림, 글루코오스(포도당)를 냄비에 담아 끓인다. 끓으면 부숴둔 초콜릿과 카카오파우더에 붓고, 나파주도 넣어 골고루 섞는다. 체에 거르고, 표면에 닿게 랩을 씌워 미지근하게 식힌다.

몽타주 & 장식

8_ 6번 원형깍지로 각각의 슈 바닥에 구멍을 뚫는다. 구멍에 초콜릿크림을 채워 넣고, 삐져나온 여분의 크림은 숟가락으로 깔끔하게 긁어낸다.

9_ 슈 윗부분을 미지근하게 식은 초콜릿글라사주에 살짝 담갔다 뺀 뒤, 손가락으로 매끈하게 정리한다.

SABLÉS BRETONS MERINGUÉS
au citron de Menton

망통레몬크림을 얹은
사블레 브르통

사블레 10 개

작업 1시간 15분 + 머랭 10분 — **가열** 1시간 30분 — **냉장** 2시간 — **보관** 냉장 2일

난이도 ⬠⬠

머 랭	**망통레몬크림**
달걀흰자 2개(50g)	판젤라틴 2½장(5g)
설탕 100g	달걀 3개 또는 4개(180g)
슈거파우더 60g	설탕 210g
굵게 간 피스타치오 1작은술	옥수수전분 10g
	망통레몬즙 140㎖
	제스트용 망통레몬 2개
레몬 사블레 브르통	조각으로 자른 버터 265g
아몬드가루 25g	
무른 가염버터 150g	**망통레몬콩피**
설탕 60g	망통레몬 껍질 1개 분량
제스트용 레몬 1개	물 100㎖
달걀노른자 1개(25g)	설탕 100g
밀가루 130g	
베이킹파우더 ½작은술	세르클에 바를 버터

필요한 도구 지름 8㎝ 세르클 10개 — 짤주머니 3개 — 8번 원형깍지 1개

망통레몬

은은한 향과 맛을 가진 망통레몬은 프랑스 망통(Menton) 지역의 산골짜기에서 재배된다.

전통 방식에 따라 손으로 직접 채취하며, 어떠한 화학처리도 하지 않는다.

이 레몬 때문에 망통지역에서는 해마다 레몬축제가 열린다.

망통레몬크림을 얹은 사블레 브르통

머랭

1_ 오븐을 120℃(불세기 4)로 예열한다. 프렌치머랭(p.486 참조)을 만들어 원형깍지를 낀 짤주머니에 담는다. 이 머랭의 ½을 유산지를 깐 오븐팬에 작은 뿔모양으로 일정하게 짠다.

2_ 남은 머랭은 같은 팬에 한꺼번에 모두 짠 뒤, 스패튤러로 밀어 편다. 굵게 간 피스타치오를 뿌리고, 오븐에 1시간 굽는다. 오븐 문을 열어 식히고, 피스타치오를 뿌린 머랭은 굵은 조각으로 부순다.

레몬 사블레 브르통

3_ 오븐온도를 180℃(불세기 6)로 올린다. 아몬드가루, 무른 가염버터, 설탕을 볼에 담은 뒤, 레몬제스트를 갈아 넣고 함께 휘저어 섞는다.

4_ 달걀노른자를 넣고 휘저은 뒤, 밀가루와 베이킹파우더를 넣고 실리콘스패튤러로 잘 섞는다.

5_ 원형깍지를 낀 짤주머니에 반죽을 담는다.

6_ 10개의 세르클에 버터를 바르고, 유산지를 깐 오븐팬에 놓는다.

7_ 짤주머니에 담은 사블레 브르통반죽을 각각의 세르클에 소용돌이모양으로 짜서 채운다. 사블레 겉면이 노릇해질 때까지 오븐에 20분 굽는다. 오븐에서 꺼내 식힘망에 놓고, 작은 칼끝으로 세르클 안쪽면을 따라 지나가면서 사블레를 분리시킨 다음 꺼내서 식힌다.

망통레몬크림

8_ 판젤라틴을 찬물에 담가 부드럽게 불린다. 달걀과 설탕은 볼에 담아 하얗고 되직해질 때까지 휘핑한다.

9_ 옥수수전분을 넣는다.

>>>

망통레몬크림을 얹은 사블레 브르통

10_ 냄비에 레몬즙과 제스트를 넣어 끓이고, 끓으면 달걀과 설탕, 옥수수전분을 섞어둔 볼에 넣고 거품기로 힘차게 섞는다.

11_ 냄비에 옮겨 붓고, 약불에서 거품기로 저으면서 끓이다가 끓기 시작하면 바로 불에서 내린다.

12_ 큰 볼에 옮겨 담은 뒤, 젤라틴의 물기를 꽉 짜서 넣고 잘 섞는다. 몇 분 식히고 버터를 넣는다.

13_ 핸드블렌더로 매끄러워질 때까지 골고루 섞고, 2시간 냉장한다.

망통레몬콩피

14_ 레몬껍질을 세로로 얇게 썬다.

15_ 냄비에 물을 넣고 끓인다. 끓으면 얇게 썬 레몬껍질을 넣고, 흰빛이 돌 때까지 물을 바꿔가면서 계속 끓인다. 완성되면 물 100㎖와 설탕 100g을 넣고 끓인 시럽에 넣어서 10분 정도 절인다. 레몬껍질을 건져 키친타월 위에 놓고 물기를 뺀다.

몽타주

16_ 망통레몬크림이 매끄러워질 때까지 휘저어 푼다. 깍지를 낀 짤주머니에 담고, 각각의 사블레 브르통 위에 뿔모양으로 짠다.

17_ 망통레몬크림 사이에 작은 뿔모양으로 구운 머랭 3개와 피스타치오를 뿌린 부순 머랭조각 2개를 얹는다.

18_ 레몬콩피로 장식한다.

RELIGIEUSES
coco-gingembre

진저 코코넛
를리지외즈

를리지외즈 12 개

작업 45분 + 파트 아 슈 15분 + 크렘 파티시에 15분 — **가열** 35분 — **냉장** 30분 — **보관** 냉장 2일

난이도 ♣

파트 아 슈	진저 코코넛 크림	장식
우유 170㎖	크렘 파티시에	나파주 100g
버터 70g	우유 200㎖	코코넛가루 100g
설탕 1½작은술	코코넛밀크 200㎖	
고운 소금 ½작은술	달걀노른자 3개(70g)	
밀가루 100g	설탕 80g	
달걀 3개(140g)	밀가루 20g	
	옥수수전분 25g	
달걀물 1개 분량	신선한 생강 5g	
	생크림 140㎖	

필요한 도구 짤주머니 2개 — 10번 원형깍지 1개 — 브러시 1개 — D7 별깍지 1개 — 6번 원형깍지 1개

생강

생강은 인도와 말레이시아에서 전해진 뿌리식물이다.

아시아의 여러 국가에서 재배되고 있으며,

가루를 내거나 날것으로 또는 콩피로 만들어서 요리와 디저트 등에 다양하게 사용한다.

오랫동안 사랑받아 온 코코넛과 생강을 조합하여 다양한 레시피를 시도해 보자.

진저 코코넛 를리지외즈

파트 아 슈

1_ 오븐을 170℃(불세기 5~6)로 예열한다. 파트 아 슈(p.483 참조)를 만들어 10번 원형깍지를 낀 짤주머니에 담는다. 오븐팬에 지름 5㎝ 슈 12개, 지름 2.5㎝ 슈 12개를 짠다.

2_ 브러시로 반죽 위에 달걀물을 바르고, 포크로 가볍게 누른다. 오븐에 35분 구운 뒤, 오븐 문을 조금 열어 2분 정도 김을 뺀다.

진저 코코넛 크림

3_ 코코넛밀크와 우유를 섞어서 크렘 파티시에(p.480 참조)를 만든다. 완성된 코코넛 크렘 파티시에에 껍질 벗긴 생강을 갈아 넣는다. 잘 섞어서 바로 볼에 옮겨 담고, 표면에 닿게 랩을 씌워 30분 정도 냉장한다.

4_ 진저 코코넛 크렘 파티시에를 매끄럽게 휘저어 푼다.

5_ 생크림을 거품기 끝에 단단한 뿔모양이 만들어질 때까지 휘핑한다. 휘핑한 생크림의 ⅓을 진저 코코넛 크렘 파티시에에 넣고, 덩어리가 없게 완전히 섞는다. 나머지 휘핑한 생크림을 모두 넣고 조심스럽게 섞은 뒤, D7 별깍지를 낀 짤주머니에 담는다.

몽타주 & 장식

6_ 6번 원형깍지로 슈의 밑바닥에 구멍을 낸다.

7_ 슈에 진저 코코넛 크림을 채워 넣고, 삐져나온 크림은 순가락으로 긁어서 정리한다.

8_ 코코넛가루와 나파주를 각각 볼에 담아 준비한다. 슈의 윗부분을 나파주에 담갔다 꺼내서 손가락으로 매끈하게 정리하고, 코코넛가루를 묻힌다.

9_ 큰 슈 위에 진저 코코넛 크림을 장미모양으로 짠 뒤, 작은 슈를 올려 완성한다.

CHEF'S TIP

진저 코코넛 크림의 생강맛을 더 강하게 만들고 싶다면,
우유와 코코넛밀크에 생강을 갈아 넣고 끓여서 크렘 파티시에를 만든다.

ÉCLAIRS
à la violette
바이올렛
에클레어

에클레어 **15 개**

작업 1시간 + 파트 아 슈 15분 + 크렘 파티시에 15분 — **가열** 35분 — **냉장** 1시간 15분 — **보관** 냉장 2일

난이도 ♡

크라클랭
무른 버터 65g
밀가루 85g
갈색설탕 80g

파트 아 슈
우유 170㎖
버터 70g
설탕 1½작은술
고운 소금 ½작은술
밀가루 100g
달걀 3개(140g)

바이올렛 크렘 파티시에
크렘 파티시에
우유 550㎖
버터 40g
달걀노른자 5개(105g)
설탕 120g
밀가루 30g
옥수수전분 35g
바이올렛에센스 7방울

장식
바이올렛색 파트 아 쉬크르
　(슈거페이스트) 200g
라즈베리잼 75g
나파주 300g
바이올렛 색소 칼끝으로 아주 조금
실버 펄글리터 칼끝으로 조금
은색 구슬 스프링클

필요한 도구 짤주머니 2개 — PF16 프티푸르용 깍지 1개 — 10번 원형깍지 1개 — 6번 원형깍지 1개

제과에서 바이올렛 활용

은은한 향의 바이올렛은 지구에서 먹을 수 있는 가장 오래된 꽃 중 하나이다.

프랑스 남서부의 툴루즈(Toulouse)에서는 크리스탈리제한 바이올렛(설탕시럽을 꽃 표면에 묻혀서 결정화시킨 것)을 쉽게 찾아볼 수 있다.

꽃 모양 그대로 사용하기도 하지만 에센스로 향을 더하기도 한다.

크림이나 마카롱, 글라사주 등에 바이올렛의 은은한 색과 향을 자유롭게 활용해보자.

바이올렛 에클레어

크라클랭

1_ 볼에 무른 버터, 밀가루, 설탕을 넣고, 손끝으로 한 덩어리로 뭉친다. 전체가 골고루 잘 섞일 때까지 으깨면서 반죽하여 15분 냉장한다.

2_ 유산지에 밀가루를 뿌리고, 크라클랭반죽을 밀대로 아주 얇게 밀어 편다.

파트 아 슈

3_ 파트 아 슈(p.483 참조)를 PF16 프티푸르용 깍지를 낀 짤주머니에 담고, 유산지를 깐 오븐팬에 길이 10cm 소시지모양으로 짠다. 구우면서 서로 달라붙지 않도록 일정하게 간격을 두고 짠다.

4_ 오븐을 180℃(불세기 6)로 예열한다. 크라클랭을 10×2cm 직사각형으로 잘라서 파트 아 슈 위에 얹는다. 오븐에 35분 구운 뒤, 오븐 문을 조금 열어 2분 정도 김을 뺀다.

바이올렛 크렘 파티시에

5_ 뜨거운 크렘 파티시에(p.480 참조)를 볼에 담고, 바이올렛에센스를 넣어 섞는다. 1시간 냉장하고 매끄럽게 될 때까지 거품기로 휘저어 푼 뒤, 10번 원형깍지를 낀 짤주머니에 담는다.

몽타주 & 장식

6_ 6번 원형깍지로 에클레어 바닥에 구멍 3개를 뚫는다. 구멍에 바이올렛 크렘 파티시에를 채워 넣고, 숟가락으로 여분의 크림을 긁어서 깔끔하게 정리한다.

7_ 바이올렛색 파트 아 쉬크르를 얇게 밀어 펴서 10×2cm 직사각형으로 자른다.

8_ 숟가락으로 각각의 에클레어 위에 라즈베리잼을 조금 얹고(짤주머니로 짜도 좋다), 잘라둔 파트 아 쉬크르를 올린다.

9_ 나파주와 바이올렛 색소, 실버 펄글리터를 섞은 뒤, 에클레어 윗면을 살짝 담갔다 빼서 손가락으로 매끈하게 정리한다. 은색 구슬 스프링클을 위에 올려 장식한다.

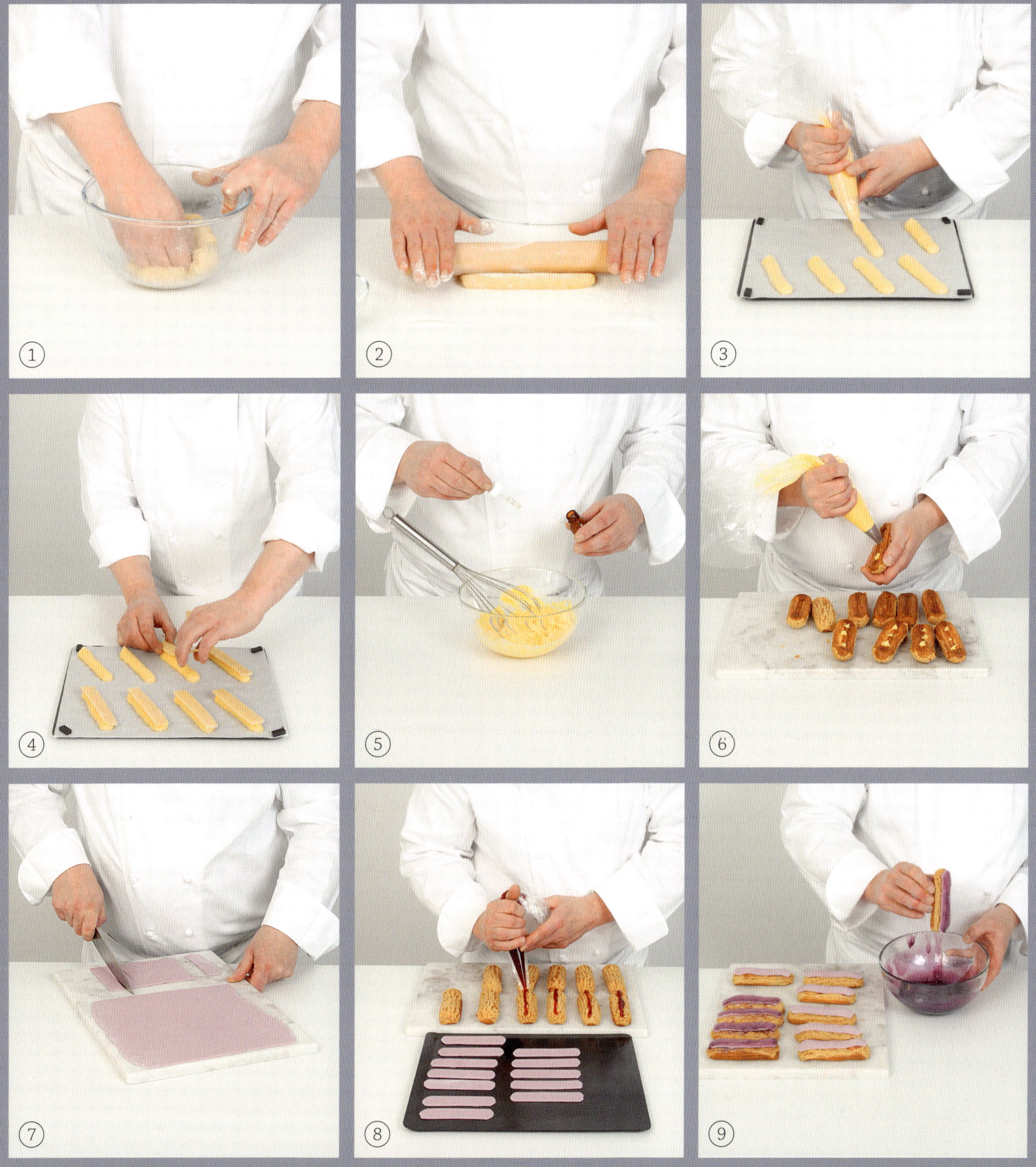

MONT-BLANC au kumquat

금귤 몽블랑

몽블랑 10 개

작업 50분 + 머랭 10분 + 템퍼링 30분 — **가열** 약 1시간 30분 — **냉장** 40분 — **보관** 냉장 2일

난이도 ♧♧

초콜릿 머랭 코크
달걀흰자 3개
설탕 100g
슈거파우더 100g
커버추어 밀크초콜릿 50g

오븐팬에 바를 버터와 밀가루

금귤콩피
금귤 150g
물 150㎖
설탕 150g

크렘 샹티이
생크림 100g
슈거파우더 1큰술

마롱크림
밤페이스트 400g
럼 40㎖
무른 버터 200g

장식
마롱콩피 조각 100g
슈거파우더

필요한 도구 짤주머니 2개 — 지름 6㎝ 원형커터 1개 — 20번 원형깍지 1개 — 브러시 1개 — 10번 원형깍지 1개

금귤

금귤은 감귤류 중 가장 작은 과일로, 지름이 5㎝가 안 되는 원형 또는 타원형이다.
달고 부드러운 껍질과 새콤한 과육이 특징이며, 중국이 원산지이다.
주로 껍질째 생으로 먹거나, 콩피를 만들어 먹는다.
잼으로도 만들 수 있으며, 제과 제품에 다양하게 사용한다.

금귤 몽블랑

초콜릿 머랭 코크

1_ 오븐을 100℃(불세기 3~4)로 예열한다. 프렌치머랭(p.486 참조)을 만들어 20번 원형깍지를 낀 짤주머니에 담는다.

2_ 오븐팬에 버터를 바르고 밀가루를 뿌린 뒤, 지름 6cm 원형커터로 살짝 찍어서 10개의 표시를 만든다. 이 표시를 따라서 머랭을 돔모양으로 10개 짠 뒤, 오븐에 25분 굽는다.

3_ 돔모양의 머랭을 꺼내서 뒤집고, 작은 칼로 돔모양의 바닥 안쪽을 긁어낸다. 그리고 다시 오븐에 40분 굽는다.

4_ 구운 머랭 코크를 완전히 식히고, 윗면의 뾰족한 부분을 그레이터로 갈아 납작하게 만든다.

5_ 커버추어 밀크초콜릿을 템퍼링(p.494~495 참조)한다.

6_ 브러시로 머랭 코크 안쪽에 템퍼링한 초콜릿을 바른다. 10분 냉장한다.

금귤콩피

7_ 냄비에 찬물과 껍질을 벗기지 않은 금귤을 넣고 몇 분 데친다. 물을 바꿔가면서 계속 데친 후 금귤을 건져서 물기를 뺀다.

8_ 다른 냄비에 물과 설탕을 넣고 시럽이 될 때까지 끓인 뒤, 물기를 뺀 금귤을 넣고 약불에 30분 정도 조려서 꺼낸다.

9_ 금귤은 건져서 물기를 빼고, 시럽은 보관해둔다. 금귤을 작은 조각으로 자른다.

>>>

CHEF'S TIP

금귤콩피 대신 오렌지콩피를 사용해도 좋다.

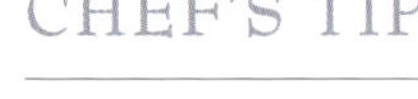

크렘 샹티이

10_ 생크림을 거품기 끝에 단단한 뿔모양이 만들어질 때까지 휘핑하다가, 슈거파우더를 넣고 섞는다.

11_ 초콜릿을 바른 머랭 코크 안쪽에 숟가락으로 크렘 샹티이를 떠서 채운다.

마롱크림

12_ 볼에 밤페이스트를 넣고, 럼을 조금씩 부으면서 스패튤러로 잘 섞는다.

13_ 무른 버터를 넣고, 덩어리 없이 완전히 섞이도록 휘젓는다. 10번 원형깍지를 낀 짤주머니에 담는다.

몽타주 & 장식

14_ 코크 가운데에 마롱크림을 굵게 1번씩 짠다.

15_ 금귤콩피와 작게 자른 마롱콩피 조각을 마롱크림 주위에 조심스럽게 붙인다.

16_ 그 주위에 다시 마롱크림을 둥글게 소용돌이모양으로 짠다.

17_ 슈거파우더를 체에 쳐서 뿌린다.

18_ 금귤콩피와 마롱콩피 조각으로 장식한 뒤, 적어도 30분 이상 냉장한다. 몽블랑은 먹기 15~20분 전에 꺼내 서빙한다.

CHOUX YUZU
et chocolat blond

화이트초콜릿
유자 슈

슈 15 개

작업 1시간 + 파트 아 슈 15분 + 크렘 파티시에 15분 — **가열** 35분 — **냉장** 1시간 25분 — **보관** 냉장 2일

난이도 ⬦

크라클랭	유자 크렘 파티시에	초콜릿 캐러멜 무스
무른 버터 65g	**크렘 파티시에**	생크림 200㎖
밀가루 85g	우유 370㎖	화이트초콜릿 35g
갈색설탕 80g	버터 25g	밀크초콜릿 65g
	달걀노른자 3개(70g)	액상 캐러멜 1작은술
파트 아 슈	설탕 80g	슈거파우더 2작은술
우유 170㎖	밀가루 20g	
버터 70g	옥수수전분 25g	**장식**
설탕 1½작은술	제스트용 유자 1개	슈거파우더
고운 소금 ½작은술	유자즙 40㎖	
밀가루 100g		
달걀 3개(140g)		

필요한 도구 짤주머니 3개 — 10번 원형깍지 1개 — PF16 프티푸르용 깍지 1개 — 지름 5㎝ 원형커터 1개

유자

아시아 지역에서 생산되는 감귤류이며, 제과에서 인기가 많은 재료이다.
레몬과 같은 노란색이고, 오렌지와 비슷한 크기, 만다린과 자몽을 섞은 듯한 상큼한 맛이다.
보통 유자즙과 제스트는 크림 또는 얼린 디저트에 향을 낼 때 사용하고,
슬라이스한 껍질은 콩피를 만들어 쓴다. 유자를 베이스로 한 제품은
주변에서 쉽게 찾아볼 수 있다.

화이트초콜릿 유자 슈

크라클랭

1_ 볼에 무른 버터, 밀가루, 갈색설탕을 담는다.

2_ 손끝으로 한 덩어리로 뭉친다. 전체가 골고루 잘 섞일 때까지 으깨면서 반죽하여 15분 냉장한다.

3_ 유산지에 밀가루를 뿌린 뒤, 크라클랭반죽을 놓고 밀대로 아주 얇게 밀어 편다.

파트 아 슈

4_ 파트 아 슈(p.483 참조)를 만들어 10번 원형깍지를 낀 짤주머니에 담는다.

5_ 유산지를 깐 오븐팬에 지름 5㎝ 정도의 원모양으로 파트 아 슈를 짠다. 굽는 동안 서로 달라붙지 않도록 일정하게 간격을 두고 짠다.

6_ 오븐을 180℃(불세기 6)로 예열한다. 크라클랭을 지름 5㎝ 원형커터로 찍어서 파트 아 슈 위에 올리고, 오븐에 35분 굽는다. 오븐 문을 조금 열어 2분 정도 김을 뺀다.

유자 크렘 파티시에

7_ 뜨거운 크렘 파티시에(p.480 참조)를 볼에 담고, 유자제스트를 갈아 넣어 섞는다.

8_ 유자즙을 넣어 섞고, 1시간 정도 냉장한다.

초콜릿 캐러멜 무스

9_ 생크림을 부드럽지만 어느 정도 단단해질 때까지 휘핑하여 ½씩 나눈다.

>>>

화이트초콜릿 유자 슈

10_ 화이트초콜릿과 밀크초콜릿을 함께 중탕하여 녹인 뒤, 액상 캐러멜을 넣고 섞는다.

11_ ½씩 나눠놓은 생크림 중 하나에 넣고 섞는다.

12_ 나머지 ½의 생크림에는 슈거파우더를 넣고 섞는다.

13_ 초콜릿을 섞은 생크림과 슈거파우더를 섞은 생크림을 함께 넣고 섞는데, 자연스럽게 마블무늬가 만들어지도록 완전히 섞지 말고 가볍게 섞는다. PF16 프티푸르용 깍지를 낀 짤주머니에 담아 10분 정도 냉장한다.

몽타주 & 장식

14_ 슈의 위쪽 ⅓ 정도 되는 지점을 자른다.

15_ 잘라낸 뚜껑 위쪽에 슈거파우더를 체에 쳐서 뿌린다.

16_ 유자 크렘 파티시에를 매끄럽게 휘저은 뒤, 10번 원형깍지를 낀 짤주머니에 담아 아래쪽 슈에 가득 채워 넣는다.

17_ 짤주머니에 담긴 초콜릿 캐러멜 무스를 유자 크렘 파티시에 위에 장미모양으로 짠다.

18_ 슈거파우더를 뿌려둔 슈의 뚜껑을 덮어 마무리한다.

CHEF'S TIP

크라클랭반죽이 유산지에 달라붙었을 경우,
먼저 반죽 윗면에 밀가루를 뿌리고 그 위에 유산지를 1장 덮는다.
이를 그대로 뒤집어서 원래 아래에 붙어 있던 유산지를 떼어낸다.
또한, 유자는 크렘 파티시에를 만든 뒤 마지막에 넣는다.
함께 넣어서 끓이면 향을 잃기 때문이다.

MILLE-FEUILLES
chantilly vanillée et fruits frais
바닐라 크렘 샹티이와 신선한 과일을 얹은
밀푀유

밀푀유 4 개

작업 45분 + 파트 푀유테 1시간 30분 — **가열** 30분 — **보관** 냉장 2일

난이도 ♙♙

파트 푀유테	바닐라 크렘 샹티이	장식
물 55㎖	생크림 300㎖	파트 아 쉬크르(슈거페이스트)
소금 ½작은술	바닐라빈 1개	라즈베리잼
버터 25g	슈거파우더 25g	
밀가루 100g		*드라이버터_ 일반 버터에 비해
드라이버터* 85g	**신선한 과일**	지방함량이 많고 수분은 적은 것.
	무화과 1개	
슈거파우더	라즈베리 4개	
	클레멘타인(오렌지와 귤의 교배종) 1개	
	딸기 2개	
	레드커런트 1송이	

필요한 도구 짤주머니 2개 — 8번 원형깍지 1개 — 꽃모양커터 1개

바닐라

야생 난초 바닐라에서 열매 바닐라빈을 멕시코에서 처음 수확하였으며,
크리스토퍼 콜럼버스가 16세기에 유럽에 들여왔다. 멕시코에 자생하는 꿀벌 종이
바닐라빈의 수분을 일으킨다는 사실을 알아내기 전까지는
자연 채취 외에는 사람이 재배할 수 없었다. 처음으로 인공수분에 성공한 곳이 레위니옹 섬이다.
이후 여러 지역에서 바닐라를 재배하게 되었으며,
마다가스카르와 인도네시아가 가장 큰 바닐라 생산국이 되었다.

바닐라 크렘 샹티이와 신선한 과일을 얹은 밀푀유

파트 푀유테

1_ 오븐을 200℃(불세기 6~7)로 예열한다. 파트 푀유테(p.491 참조)를 2㎜ 두께로 밀어 편다.

2_ 30×24㎝ 직사각형으로 자르고, 포크로 반죽을 가볍게 골고루 찌른다.

3_ 유산지를 깐 오븐팬에 반죽을 올리고, 오븐에 10분 굽는다. 반죽이 부풀기 시작하면, 반죽 위에 유산지를 깔고 식힘망 1개를 올려 굽는다.

4_ 오븐온도를 180℃(불세기 6)로 낮추고, 그대로 20분 더 굽는다. 구운 반죽을 꺼내고 오븐온도를 다시 200℃(불세기 6~7)로 올린다. 구운 파이지 위에 슈거파우더를 뿌리고, 오븐에 다시 넣어 카라멜리제될 때까지 둔다.

5_ 길이가 긴 쪽을 기준으로 너비 4㎝ 띠모양을 4개 자른다.

6_ 길이가 긴 쪽을 3등분하여 10×4cm 직사각형 12개를 만든다.

바닐라 크렘 샹티이

7_ 부드럽지만 어느 정도 단단해질 때까지 생크림을 휘핑한다. 바닐라빈은 속을 긁어 넣어 잘 섞고, 깍지는 장식을 위해 보관한다.

8_ 슈거파우더를 넣고, 단단해질 때까지 계속 휘핑하여 짤주머니에 담는다.

몽타주 & 장식

9_ 10×4㎝ 파이지 8장에 바닐라 크렘 샹티이를 둥근 모양으로 촘촘하게 짜서 채운다.

>>>

바닐라 크렘 샹티이와 신선한 과일을 얹은 밀푀유

10_ 라즈베리잼을 짤주머니에 담고, 바닐라 크렘 샹티이를 짜놓은 파이지 8개 중 4개에만 가운데에 한 줄로 생크림보다 짧게 짠다.

11_ 파트 아 쉬크르를 2㎜ 두께로 밀어 편다. 작은 꽃모양커터로 찍어낸 뒤, 꽃 가운데에 라즈베리잼을 1방울씩 짜놓는다.

12_ 클레멘타인 껍질을 벗기고, 과육을 1쪽씩 떼놓는다. 딸기는 반으로 자르고, 무화과는 얇게 썬다.

13_ 남은 파이지 4장에 바닐라 크렘 샹티이를 동그랗게 3개씩 짠다.

14_ 파이지마다 클레멘타인 2조각, 무화과 1조각, 라즈베리 1개, 레드커런트 1알, 반으로 자른 딸기 1개를 올려 장식한다.

15_ 바닐라빈 깍지를 가느다란 끈처럼 자른다.

16_ 자른 바닐라빈 깍지와 파트 아 쉬크르로 만든 꽃을 올린다.

17_ 바닐라 크렘 샹티이만 짜놓은 파이지 4장을 바닐라 크렘 샹티이와 라즈베리잼을 올린 파이지 4장 위에 각각 얹는다.

18_ 마지막으로 과일로 장식한 파이지 4장을 각각 올려 마무리한다.

CHEF'S TIP

이 레시피에서는 파트 푀유테(파이반죽)를 직접 만들어 사용하지만,
시간이 없을 때는 시중에 파는 파이지를 사서 만들어도 좋다.

ÉCLAIRS

ananas victoria

빅토리아 파인애플
에클레어

에클레어 15 개

작업 1시간 15분 + 파트 아 슈 15분 + 크렘 파티시에 15분 — **가열** 35분 — **냉장** 1시간 — **보관** 냉장 2일

난이도 ♧

파트 아 슈	바닐라크림	글라사주
우유 170㎖	크렘 파티시에	퐁당 500g
버터 70g	우유 370㎖	노란 색소 칼끝으로 아주 조금
설탕 1½작은술	버터 25g	글루코오스(포도당) 50g
고운 소금 ½작은술	달걀노른자 3개(70g)	바닐라파우더 칼끝으로 조금
밀가루 100g	설탕 80g	
달걀 3개(140g)	밀가루 20g	**장식**
	옥수수전분 25g	슬리버드 아몬드* 50g
파인애플 푸알레	바닐라빈 1개	골드파우더 칼끝으로 조금
빅토리아 파인애플 1개(약 200g)	생크림 140㎖	
버터 20g		*슬리버드 아몬드(Slivered almond)_
갈색설탕 35g		세로로 길고 가늘게 썬 아몬드.
말리부(코코넛럼) 2작은술		

필요한 도구 짤주머니 2개 — PF16 프티푸르용 깍지 1개 — 12번 원형깍지 1개 — 6번 원형깍지 1개

빅토리아 파인애플

파인애플 중 최고의 품종으로 꼽히는 '빅토리아 파인애플'은 다른 파인애플보다 크기가 작으며,
이 파인애플을 아주 좋아했던 빅토리아여왕의 이름을 땄다.
레위니옹(Réunion) 섬과 모리셔스(Mauritius) 섬이 원산지이며,
속살이 밝은 노란색으로 매우 달고 부드럽다.
전형적인 열대과일로 미묘한 향이 있다.

빅토리아 파인애플 에클레어

파트 아 슈

1_ 파트 아 슈(p.483 참조)를 PF16 프티푸르용 깍지를 낀 짤주머니에 담는다. 오븐을 180℃(불세기 6)로 예열한다. 유산지를 깐 오븐팬에 파트 아 슈를 길이 10㎝ 정도의 소시지모양으로 짜는데, 구우면서 서로 달라붙지 않도록 일정하게 간격을 둔다. 오븐에 35분 굽고, 오븐 문을 조금 열어 2분 정도 김을 뺀다.

파인애플 푸알레

2_ 파인애플은 껍질을 벗기고, 얇게 썰어서 작게 깍둑썰기한다.

3_ 팬에 갈색설탕과 버터를 넣고 카라멜리제한다. 깍둑썰기한 파인애플을 넣고, 3분 정도 익힌다. 말리부를 넣고 1분 더 익힌 뒤, 파인애플을 건져서 물기를 뺀다.

바닐라크림

4_ 크렘 파티시에(p.480 참조)를 볼에 담고, 바닐라빈의 속을 긁어 넣는다. 잘 섞어서 적어도 1시간 이상 냉장한다.

5_ 생크림을 거품기 끝에 단단한 뿔모양이 만들어질 때까지 휘핑한다. 크렘 파티시에도 꺼내서 휘저어 매끄럽게 푼다. 휘핑한 생크림을 크렘 파티시에에 조금 덜어 넣고, 덩어리가 없도록 거품기로 완전히 섞는다. 휘핑한 나머지 생크림을 모두 넣고 조심스럽게 섞는다.

몽타주

6_ 파인애플 푸알레와 바닐라크림을 섞어서 12번 원형깍지를 낀 짤주머니에 담는다.

7_ 에클레어를 길게 반으로 가르고, 짤주머니의 크림을 채워 넣는다.

글라사주 & 장식

8_ 냄비에 바닐라파우더, 색소, 퐁당을 넣고 가열한다. 조리용 온도계로 30℃가 되면 글루코오스(포도당)를 넣는다. 퐁당이 너무 되직하면 물을 조금 넣어서 잘 푼다. 불에서 내려 미지근하게 식힌 뒤, 에클레어 윗면을 퐁당에 살짝 담갔다가 꺼내 손가락으로 표면을 매끈하게 정리한다.

9_ 골드파우더와 슬리버드 아몬드를 섞어서 에클레어를 장식한다.

PARIS-BREST REVISITÉ
et son cœur exotique
이국적인 열대스타일의
파리-브레스트

파리-브레스트 15 개

작업 1시간 15분 + 파트 아 슈 15분 + 크렘 파티시에 15분 — **가열** 35분 — **냉장** 1시간 45분 — **보관** 냉장 2일

난이도 ✿✿

크라클랭
무른 버터 65g
밀가루 85g
갈색설탕 80g

파트 아 슈
우유 170㎖
버터 70g
설탕 1작은술
고운 소금 ½작은술
밀가루 100g
달걀 3개(140g)

열대과일쿨리
망고퓌레 125g
패션프루트퓌레 50g
제스트용 라임 ¼개
설탕 40g
펙틴 ½작은술
글루코오스(포도당) 25g

크런치 헤이즐넛
구운 헤이즐넛 70g
물 20㎖
설탕 30g

프랄리네크림
크렘 파티시에
우유 370㎖
버터 25g
달걀노른자 3개(70g)
설탕 80g
밀가루 20g
옥수수전분 25g
프랄리네(가당 헤이즐넛페이스트) 200g
무른 버터 310g
생크림 140㎖

장식
슈거파우더

필요한 도구 10번 원형깍지 1개 — 지름 3㎝ 원형커터 1개 — 짤주머니 3개 — PF16 프티푸르용 깍지 1개

파리-브레스트의 기원

파리-브레스트(Paris-Brest)는 파트 아 슈에 프랄리네 무슬린 크림을 채워 넣고,
아몬드 슬라이스로 장식한 디저트이다. 19세기의 유명한 파티시에 루이 뒤랑이
파리와 브레스트 사이를 오가는 자전거 경주에서 영감을 얻어
자전거 바퀴모양의 슈를 만들었고, 파리-브레스트란 이름을 붙였다고 전해진다.
오늘날에는 다양한 맛의 새로운 파리-브레스트가 많이 만들어지고 있다.

이국적인 열대스타일의 파리-브레스트

크라클랭

1_ 볼에 무른 버터, 밀가루, 갈색설탕을 넣는다. 손끝으로 한 덩어리가 되도록 섞고, 전체가 골고루 잘 섞일 때까지 으깨면서 반죽하여 15분 정도 냉장한다.

2_ 유산지에 밀가루를 뿌리고, 크라클랭반죽을 밀대로 아주 얇게 밀어 편다.

파트 아 슈

3_ 파트 아 슈(p.483 참조)를 10번 원형깍지를 낀 짤주머니에 담는다.

4_ 오븐팬에 유산지를 깔고 지름 3㎝ 정도의 원모양으로 파트 아 슈를 짜는데, 3개의 원을 이어 붙여 짠다.

5_ 오븐을 180℃(불세기 6)로 예열한다. 크라클랭을 지름 3㎝ 원형커터로 찍어서 파트 아 슈 위에 얹는다. 오븐에 35분 굽고, 오븐 문을 조금 열어 2분 정도 김을 뺀다.

열대과일쿨리

6_ 냄비에 망고퓌레와 패션프루트퓌레를 넣고 가열한다. 라임제스트도 갈아 넣는다.

7_ 설탕과 펙틴을 섞어 냄비에 천천히 붓는다. 글루코오스도 넣고 계속 저으면서 끓인 뒤, 볼에 옮겨 담아 30분 냉장한다.

크런치 헤이즐넛

8_ 구운 헤이즐넛을 냄비 바닥으로 눌러 작은 알갱이가 되도록 부순다.

9_ 물과 설탕을 냄비에 넣고, 나무스패튤러로 저으면서 2분 정도 끓인다. 부순 헤이즐넛을 넣고 계속 저으면서 끓여 카라멜리제한 뒤, 유산지를 깐 오븐팬에 붓고 식힌다.

>>>

프랄리네크림

10_ 완성된 뜨거운 크렘 파티시에(p.480 참조)에 프랄리네를 섞고, 1시간 정도 냉장한다.

11_ 프랄리네를 넣은 크렘 파티시에를 휘저어 매끄럽게 만든다. 무른 버터를 포마드 상태가 될 때까지 휘저어서 넣고 섞는다. 크림에 덩어리가 남아 있지 않도록 충분히 휘저어 섞는다.

12_ 생크림을 거품기 끝에 단단한 뿔모양이 만들어질 때까지 휘핑하여 넣고 조심스럽게 섞은 뒤, PF16 프티푸르용 깍지를 낀 짤주머니에 담는다.

몽타주 & 장식

13_ 구운 슈를 가로로 자르고, 아랫부분에 프랄리네크림을 짠다.

14_ 열대과일쿨리를 휘저어서 매끄럽게 풀어 짤주머니에 담고, 프랄리네크림 위에 조금만 짠다.

15_ 프랄리네크림을 장미모양으로 짜서 쿨리를 덮는다.

16_ 크런치 헤이즐넛을 올린다.

17_ 슈의 윗부분을 지름 3㎝ 원형커터로 1개씩 찍어낸다.

18_ 둥글게 찍어낸 슈에 슈거파우더를 뿌리고, 크런치 헤이즐넛 위에 1개씩 덮는다.

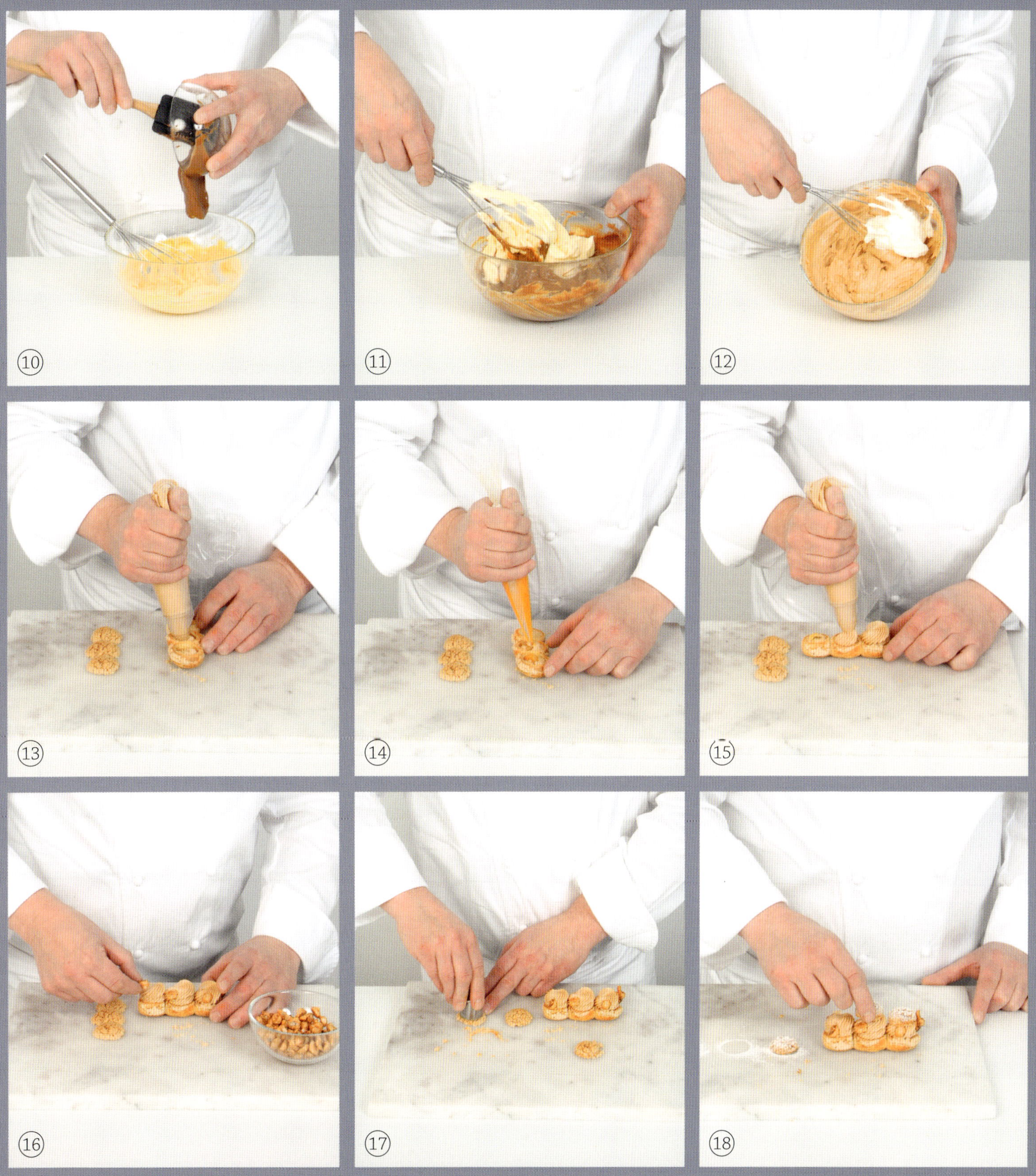

PETITS CHEESECAKES
aux myrtilles

블루베리
미니 치즈케이크

치즈케이크 6개

작업 45분 — **가열** 1시간 — **냉장** 12시간 — **보관** 냉장 2일

난이도 ♧

베이스	아파레유	블루베리콩포트
파트 사블레	바닐라빈 1개	블루베리 250g
밀가루 100g	상온의 필라델피아크림치즈 490g	설탕 30g
버터 60g	설탕 140g	물 2큰술
아몬드가루 10g	달걀 3개(150g)	옥수수전분 ¼작은술
슈거파우더 30g	생크림 140㎖	
소금 1꼬집		**장식**
작은 달걀 ½개(20g)		블루베리 125g
녹인 버터 25g		

세르클에 바를 기름

필요한 도구 지름 6㎝, 높이 6㎝ 세르클 6개 — 실리콘매트 1개

치즈케이크 장식

클래식 치즈케이크나 바닐라향이 살짝 감도는 치즈케이크를 신선한 과일로 장식해보면 어떨까?
집에서 쉽고 간단하게 만든 과일콩포트를 조금만 더해도 멋스러운 연출과 함께
훨씬 다양한 풍미와 식감을 즐길 수 있다.
또한 큰 것보다 작게 만든 치즈케이크가 더욱 특별한 느낌을 준다.

156

블루베리 미니 치즈케이크

파트 사블레

1_ 오븐을 170℃(불세기 5~6)로 예열한다. 밀가루, 버터, 아몬드가루, 슈거파우더, 소금을 볼에 담고, 손으로 비벼가면서 섞는다(사블레). 달걀 ½개를 넣고, 나무스패튤러로 섞는다.

2_ 작업대에 반죽을 모두 올려놓고, 고르게 섞일 때까지 손바닥으로 으깨면서 반죽한다(프라제).

3_ 작업대에 밀가루를 조금 뿌리고 파트 사블레를 4㎜ 두께로 밀어 편 뒤, 실리콘매트를 깐 오븐팬에 옮겨 담아 오븐에 12~15분 굽는다. 노릇노릇하게 색이 나면 꺼내서 차게 식힌다.

베이스

4_ 세르클에 기름을 바르고, 유산지를 깐 오븐팬 위에 놓는다. 구운 사블레를 볼에 담아 밀대로 잘게 빻는다.

5_ 녹인 버터를 넣고 섞는다.

6_ 세르클 바닥에 잘게 빻은 사블레에 녹인 버터를 넣어 섞은 것을 잘 눌러 담고 냉장한다.

아파레유

7_ 바닐라빈을 길게 갈라서 칼끝으로 속을 긁어낸다.

8_ 오븐을 90℃(불세기 3)로 예열한다. 필라델피아크림치즈와 설탕을 섞고, 달걀을 1개씩 넣으면서 잘 섞는다. 이때 지나치게 휘저어서 반죽이 묽어지지 않도록 주의한다.

9_ 긁어낸 바닐라빈 속을 넣는다.

>>>

10_ 마지막으로 생크림을 넣고 가볍게 섞는다.

11_ 사블레와 녹인 버터를 섞어서 깔아둔 세르클에 아파레유를 위에서 1㎝ 정도 남기고 붓는다. 오븐에 넣어 1시간 정도 굽는데, 칼로 찔러서 묻어나지 않으면 완전히 익은 것이다. 꺼내서 차게 식힌 뒤, 12시간 냉장한다.

블루베리콩포트

12_ 냄비에 블루베리, 설탕, 물 1큰술을 넣고, 블루베리가 완전히 무를 때까지 끓인다.

13_ 볼에 찬물 1큰술과 옥수수전분을 넣어 푼다.

14_ 콩포트에 옥수수전분물을 넣고 계속 저으면서 섞는다. 3분 정도 가볍게 끓인 뒤, 불에서 내려 12시간 냉장한다.

장식

15_ 아파레유 위에 블루베리콩포트를 세르클 가득 채워 넣는다. 실리콘스패튤러로 윗면을 매끈하게 정리한다.

16_ 손바닥으로 세르클을 문질러서 녹인다.

17_ 치즈케이크의 아랫부분을 위로 밀어 조심스럽게 세르클을 빼낸다.

18_ 각각의 미니 치즈케이크를 신선한 블루베리로 장식하여 차가울 때 바로 낸다.

CHEF'S TIP

블루베리콩포트를 만들 때,
찬물에 불려서 물기를 뺀 판젤라틴 1장을 넣으면
콩포트가 훨씬 탄력 있고 단단해진다.

SOUFFLÉS CHAUDS
vanille

바닐라
수플레

수플레 6 개

작업 15분 (+ 크렘 파티시에 15분) — **냉장** 크렘 파티시에 30분 — **가열** 15분

난이도 🎩

바닐라크림	장식
크렘 파티시에	슈거파우더
우유 180㎖	
달걀 1개(45g)	라메킨에 바를 무른 버터와 설탕
설탕 45g	
크림파우더* 2작은술	*크림파우더_ 농도를 잡는 용도의 크림.
옥수수전분 2작은술	없으면 밀가루로 대체.
바닐라빈 2개	
달걀흰자 5개(230g)	
설탕 110g	

필요한 도구 지름 10㎝, 높이 5㎝ 수플레 라메킨 6개 — 짤주머니 1개

수플레 라메킨

라메킨의 크기와 상관없이 일단 수플레를 성공시키는 것은 꽤 어렵다.

수플레는 텍스처가 가벼워야 하고, 구웠을 때 충분히 잘 부풀어야 하며,

시간이 지나면 금세 꺼지기 때문에 오븐에서 꺼내자마자 바로 서빙해야 한다.

또한 수플레를 구울 라메킨은 깨끗하고 물기가 전혀 없어야 하며,

미리 버터를 충분히 바르고 설탕을 입혀서 굽는 동안 수플레반죽이 라메킨 벽면에

붙지 않고 잘 부풀어오르게 한다. 이때 라메킨 안쪽에 손자국이 남지 않도록 주의한다.

바닐라 수플레

수플레 라메킨

1_ 무른 버터를 포마드 상태가 될 때까지 휘저어 푼 뒤, 수플레 라메킨에 고루 바른다.

2_ 버터를 바른 위에 설탕을 붓고, 라메킨을 이리저리 돌려서 고르게 입힌다. 남은 설탕은 털어 낸다.

바닐라크림

3_ 오븐을 180℃(불세기 6)로 예열한다. 크렘 파티시에(p.480 참조)를 휘저어 매끄럽게 푼다. 바닐 라빈은 길게 갈라 칼끝으로 속을 긁어서 크렘 파티시에에 넣고 섞는다. 또는 크렘 파티시에를 만 들 때 우유에 바닐라빈의 속을 긁어 넣고 끓일 수도 있다.

4_ 달걀흰자는 부드럽지만 어느 정도 단단해질 때까지 휘핑한다. 설탕을 넣고 매끄럽고 윤기가 날 때까지 30초 정도 더 휘핑한다.

5_ 바닐라빈 속을 섞은 크렘 파티시에에 머랭 ¼을 넣고, 거품기로 세차게 섞는다.

6_ 남은 머랭의 ½을 넣어 거품기로 섞고, 다시 남은 머랭을 모두 넣어서 스패튤러로 섞는다. 이때 지나치게 섞어서 거품이 꺼지지 않도록 주의한다.

7_ 반죽을 짤주머니에 담고, 뾰족한 끝부분을 2㎝ 자른다. 라메킨에 반죽을 가득 차게 짜 넣는다.

8_ 금속스패튤러로 윗면을 긁어서 매끈하게 정리한다.

9_ 라메킨 위쪽의 벽면 안쪽에 엄지손가락을 살짝 넣고, 둥글게 돌려 닦아서 반죽과 라메킨 사이 에 5㎜ 정도 틈을 만든다. 이는 수플레가 잘 부풀어오르게 하기 위해서다. 수플레 라메킨을 오븐 에 넣고 15분 굽는데, 도중에 절대 오븐 문을 열지 않도록 주의한다. 오븐에서 수플레를 꺼내자마 자 슈거파우더를 뿌려서 바로 서빙한다.

ÉCLAIRS CROQUANTS
au caramel au beurre salé
솔티드버터 캐러멜
크런치 에클레어

에클레어 **15개**

작업 1시간 15분 + 파트 아 슈 15분 + 크렘 파티시에 15분 — **가열** 1시간 — **냉장** 1시간 30분 — **보관** 냉장 2일

난이도 ♕♕

파트 아 슈
우유 170㎖
버터 70g
설탕 1작은술(7g)
고운 소금 ½작은술(2g)
밀가루 100g
달걀 3개(140g)

솔티드버터 캐러멜
글루코오스(포도당) 50g
퐁당 50g
저염버터 40g
생크림 60㎖
설탕 50g
바닐라파우더 칼끝으로 조금

캐러멜퐁당
퐁당 500g
솔티드버터 캐러멜 150g
글루코오스(포도당) 50g

장식
플뢰르 드 셀(꽃소금)

크럼블
카소나드(부분정제 갈색설탕) 2작은술
굵은 설탕 2작은술
헤이즐넛가루 20g
밀가루 20g
고운 소금 칼끝으로 조금
버터 20g
골드파우더

솔티드버터 캐러멜 크렘 파티시에
크렘 파티시에
우유 370㎖
버터 25g
달걀노른자 3개(70g)
설탕 80g
밀가루 20g
옥수수전분 25g
솔티드버터 캐러멜 100g

필요한 도구 짤주머니 2개 — PF16 프티푸르용 깍지 1개 — 6번 원형깍지 1개 — 10번 원형깍지 1개

솔티드버터 캐러멜

단맛과 짠맛의 조화가 환상적인 솔티드버터 캐러멜의 탄생에는 재미있는 이야기가 있다. 14세기는 프랑스에서 소금이 가장 귀하게 거래되던 시절이라 소금이 들어간 제품에 세금이 부과되었으나, 브르타뉴는 이 세금에서 제외되었다. 덕분에 브르타뉴에서는 소금이 들어간 가염버터를 계속 생산할 수 있었고, 가염버터와 캐러멜을 조합한 솔티드버터 캐러멜을 만들어 오늘날까지 많은 사랑을 받고 있다.

솔티드버터 캐러멜 크런치 에클레어

파트 아 슈

1_ 파트 아 슈(p.483 참조)를 PF16 프티푸르용 깍지를 낀 짤주머니에 담는다.

2_ 오븐을 180℃(불세기 6)로 예열한다. 유산지를 깐 오븐팬에 파트 아 슈를 길이 10㎝ 정도의 소시지모양으로 짜는데, 구울 때 서로 달라붙지 않도록 일정하게 간격을 둔다. 오븐에 35분 구운 뒤, 오븐 문을 조금 열고 2분 정도 김을 뺀다.

크럼블

3_ 오븐팬에 유산지를 깔고, 오븐을 170℃(불세기 5~6)로 예열한다. 골드파우더를 제외한 크럼블 재료를 모두 볼에 담는다.

4_ 모래 같은 질감이 되도록 손끝으로 부수며 섞고(사블레), 전체가 골고루 섞이도록 으깨면서 반죽한다(프라제).

5_ 유산지를 깐 작업대에 반죽을 놓고, 손바닥으로 1㎝ 두께로 납작하게 편다.

6_ 칼로 길게 띠모양으로 자른다.

7_ 띠모양으로 자른 반죽을 다시 작게 사각형으로 잘라 오븐에 25분 굽는다.

솔티드버터 캐러멜

8_ 냄비에 글루코오스와 퐁당을 넣고 가볍게 끓인 뒤, 저염버터를 넣는다.

9_ 생크림, 설탕, 바닐라파우더를 넣고 약불에 끓인 뒤, 볼에 담아 30분 냉장한다.

>>>

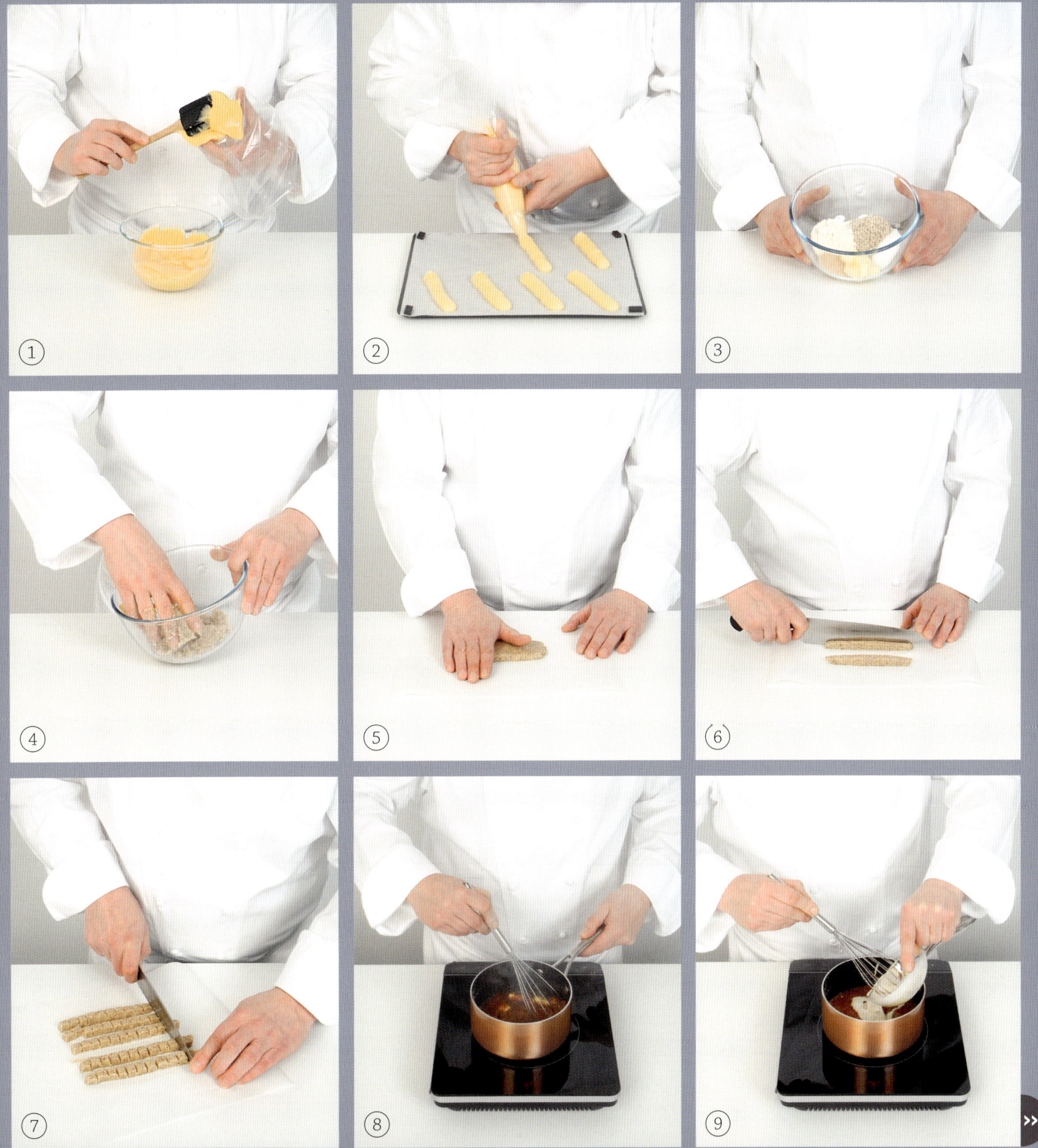

솔티드버터 캐러멜 크런치 에클레어

솔티드버터 캐러멜 크렘 파티시에

10_ 뜨거운 크렘 파티시에(p.480 참조)를 만들어서 볼에 담고, 냉장해둔 솔티드버터 캐러멜과 섞는다. 1시간 정도 냉장한다.

몽타주

11_ 구운 에클레어 바닥에 6번 원형깍지로 구멍을 3개 뚫는다.

12_ 솔티드버터 캐러멜 크렘 파티시에를 휘저어 매끄럽게 풀고, 10번 원형깍지를 낀 짤주머니에 담아 에클레어에 채워 넣는다. 여분의 크림은 숟가락으로 긁어서 정리한다.

캐러멜퐁당

13_ 냄비에 퐁당과 솔티드버터 캐러멜을 넣고, 나무스패튤러로 골고루 섞으면서 끓인다.

14_ 글루코오스를 넣고 계속 저으면서 끓인다.

장식

15_ 에클레어 윗면을 퐁당에 살짝 담갔다 뺀다.

16_ 손가락으로 퐁당 가장자리를 깔끔하게 정리한다.

17_ 크럼블과 골드파우더를 볼에 담아 잘 섞는다.

18_ 골드파우더를 묻힌 크럼블 조각을 에클레어 위에 3개씩 올리고, 플뢰르 드 셀로 장식한다.

MI-CUITS
cœur coulant au chocolat
따뜻한 초콜릿이 흐르는
미-퀴 오 쇼콜라[*]

미-퀴 10개

작업 20분 — **가열** 6~7분 — **보관** 냉동 2주

난이도 ○

미-퀴 초콜릿반죽	퀘어 쿨랑
달걀 8개(400g)	다크 판초콜릿 네모난 조각 20개
설탕 270g	
다크초콜릿 300g	머핀컵에 바를 버터와 밀가루
무른 버터 270g	
밀가루 80g	*미-퀴 퀘어 쿨랑 오 쇼콜라_ 미-퀴는 '덜 익힌', 퀘어 쿨랑은
감자전분 45g	'한가운데에 흐르는'의 뜻이다. 퐁당 오 쇼콜라와 비슷하지만
	한가운데에 진한 초콜릿이 녹아 있다.

필요한 도구 지름 7.5cm, 높이 4cm 머핀컵 10개

초콜릿 100% 레시피

쉽고 빠르게 만들 수 있는 이 레시피는 간식 또는 식사를 마무리하는 디저트로 잘 어울린다.
흐르는 부드러운 초콜릿이 들어 있기 때문에 오븐에서 꺼내자마자 따뜻할 때 서빙해야 한다.
크렘 앙글레즈나 바닐라아이스크림 1스쿱을 곁들이면 좋다.

따뜻한 초콜릿이 흐르는 미-퀴 오 쇼콜라

미-퀴 초콜릿반죽

1_ 머핀컵에 버터를 바르고 밀가루를 한 겹 씌운 뒤, 컵을 뒤집어서 남은 밀가루를 털어낸다.

2_ 손가락을 넣어서 따뜻하게 느껴질 때까지 달걀과 설탕을 중탕하면서 전동거품기로 휘핑한다.

3_ 중탕에서 내리고, 전동거품기를 최고속도로 돌려서 차가워질 때까지 휘핑한다. 거품기를 들어 올렸을 때 반죽이 뚝뚝 끊어지지 않고 부드럽게 리본모양으로 흘러내리면 완성이다.

4_ 초콜릿을 잘게 부수어 중탕으로 녹인다. 무른 버터를 넣고 매끄럽게 될 때까지 잘 섞는다.

5_ 설탕을 넣고 휘핑한 달걀에 밀가루와 감자전분을 넣고, 거품이 꺼지지 않도록 조심스럽게 섞는다.

6_ 중탕으로 녹인 초콜릿을 넣고, 나무스패튤러로 섞는다.

몽타주

7_ 오븐을 190℃(불세기 6~7)로 예열한다. 미-퀴 초콜릿반죽을 머핀컵 높이의 ½ 정도 차게 나누어 넣는다.

8_ 각각의 머핀컵에 네모난 다크초콜릿을 2조각씩 얹는다.

9_ 머핀컵에 반죽을 채우고, 오븐에 6~7분 굽는다. 구워서 5분 정도 식히고, 머핀컵을 빼서 바로 서빙한다.

CHEF'S TIP

이 디저트는 여러 가지 방법으로 쉽게 응용할 수 있다.
다크초콜릿 대신 망고, 라즈베리 같은 과일퓌레를 넣거나,
헤이즐넛스프레드 또는 캐러멜 등을 넣어 여러 가지 색과 맛으로 새롭게 만들어보자.

Tartes & Tartelettes

타르트 &

타르틀레트

TARTE FAÇON SABLÉ BRETON
aux fruits frais et ananas poêlé

파인애플 푸알레와 신선한 과일을 올린
사블레 브르통 타르트

8 인분

작업 45분 + 크렘 파티시에 15분 — **가열** 25분 — **보관** 냉장 2일

난이도 ⬭⬭

사블레 브르통	크렘 파티시에	신선한 과일
무른 버터 150g	우유 200㎖	오렌지 2개
슈거파우더 120g	버터 15g	자몽 1개
바닐라파우더 칼끝으로 조금	달걀노른자 2개(40g)	망고 1개
소금 1꼬집	설탕 45g	딸기 200g
달걀 1개(50g)	밀가루 2작은술(10g)	라즈베리 125g
생크림 50㎖	옥수수전분 2작은술(10g)	블루베리 100g
밀가루 155g	생크림 75㎖	레드커런트 2송이
베이킹파우더 1작은술(4g)		

	파인애플 푸알레	장식
세르클에 바를 버터 20g	빅토리아 파인애플 1개	슈거파우더
	버터 30g	나파주
	카소나드(부분정제 갈색설탕) 30g	

필요한 도구 지름 22㎝ 타르트세르클 1개 — 짤주머니 1개 — 12번 원형깍지 1개 — 멜론 볼러 1개

사블레 브르통

사블레 브르통(Sablé Breton)은 밀가루와 버터, 설탕, 때때로 달걀노른자를 섞어서 만드는 과자로,
부서지는 모래 같은 질감이 특징이다.
최근에는 타르트나 앙트르메의 바닥을 만들 때 주로 사용하는데,
기본 베이스에 초콜릿, 레몬 등의 풍미를 더해 만들기도 한다.

사블레 브르통

1_ 슈거파우더, 버터, 바닐라파우더, 소금을 포마드 상태가 될 때까지 휘젓는다.

2_ 달걀을 넣고 생크림을 넣어 섞는다.

3_ 밀가루를 넣고 베이킹파우더를 넣은 뒤, 깍지를 낀 짤주머니에 담는다.

4_ 오븐을 170℃(불세기 6)로 예열한다. 타르트세르클에 버터를 바르고, 유산지를 깐 오븐팬에 놓는다. 세르클 위로 조금 올라오게 유산지를 잘라서 세르클 안쪽 벽면에 붙인다.

5_ 사블레 브르통 반죽을 소용돌이모양으로 세르클에 가득 차게 짠다.

6_ 세르클 가장자리에는 반죽을 1줄 더 짜서 높게 만든다. 오븐에 25분 굽는다.

파인애플 푸알레

7_ 파인애플 껍질을 벗기고, 깍둑썰기한다.

8_ 파인애플을 버터, 카소나드와 함께 팬에 넣고, 약불에 약 5분 볶는다.

신선한 과일

9_ 오렌지와 자몽 껍질을 벗기는데, 먼저 위아래를 자른다. 그리고 도마 위에 세워서 칼로 옆면을 따라 겉껍질과 하얀 속껍질을 모두 벗기고 과육만 남긴다.

>>>

10_ 오렌지와 자몽을 하얀 속껍질 안쪽의 과육만 1조각씩 잘라내고 씨를 뺀다.

11_ 망고는 껍질을 벗기고, 멜론 볼러를 이용하여 동그랗게 공모양으로 과육을 파낸다.

몽타주

12_ 크렘 파티시에(p.480 참조)를 볼에 담고 매끄럽게 될 때까지 휘저어 푼 뒤, 파인애플 푸알레를 넣고 섞는다.

13_ 세르클을 빼낸 사블레 브르통 위에 파인애플 푸알레를 섞은 크렘 파티시에를 올려서 고르게 편다.

14_ 가장자리에 슈거파우더를 체에 쳐서 뿌린다.

15_ 딸기를 반으로 잘라서 타르트 위에 올린다.

16_ 오렌지와 자몽 조각을 얹고, 공모양의 망고도 얹는다.

17_ 브러시로 나파주를 바른다.

18_ 슈거파우더를 뿌린 라즈베리를 타르트 위에 올린다. 블루베리와 레드커런트도 올려서 마무리한다.

파시옹
카라멜

8 인분

작업 45분 + 파트 쉬크레 15분 — **냉장** 파트 쉬크레 30분 — **가열** 30분

난이도 ♡

파트 쉬크레(타르트지)	아몬드 패션프루트 아파레유	패션프루트캐러멜
무른 버터 50g	무른 버터 50g	패션프루트퓌레 30g
슈거파우더 50g	패션프루트퓌레 80g	연유 30g
달걀 ½개(20g)	아몬드가루 100g	생크림 50㎖
밀가루 100g	소금 1꼬집	글루코오스(포도당) 30g
아몬드가루 20g	설탕 50g	설탕 60g
	달걀 2개(100g)	저염버터 75g
세르클에 바를 버터	달걀흰자 1½개(50g)	
	설탕 20g	**장식**
		나파주 20g
		슬리버드 아몬드* 50g
		골드파우더 1꼬집
		패션프루트 1개

*슬리버드 아몬드(slivered almond)_
　세로로 길고 가늘게 썬 아몬드.

필요한 도구 지름 16㎝, 높이 4.5㎝ 앙트르메세르클 1개 — 짤주머니 1개 — 8번 원형깍지 1개

캐러멜 끓이기

설탕을 150℃ 이상 끓이면 캐러멜이 되고, 온도가 높아질수록 더 짙은 색이 된다.
그러므로 용도에 맞춰 원하는 캐러멜색을 내면 된다.
캐러멜은 끓일수록 단맛이 적어지고, 너무 오래 끓이면 탄내가 나고 되직해져서
사용할 수 없게 되므로 주의한다.

파시옹 카라멜

타르트지

1_ 오븐팬에 유산지를 깐다. 작업대에 밀가루를 가볍게 뿌리고, 파트 쉬크레(p.488~489 참조)를 3㎜ 두께로 밀어 편다. 그 위에 세르클을 놓고 그대로 자른 뒤, 유산지를 깐 오븐팬 위로 옮긴다.

아몬드 패션프루트 아파레유

2_ 오븐을 170℃(불세기 5~6)로 예열한다. 무른 버터를 볼에 담는다. 패션프루트퓌레를 양이 반으로 줄 때까지 졸여서 바로 버터에 붓고, 거품기로 매끄럽게 골고루 섞는다. 아몬드가루, 소금, 설탕을 섞고, 버터와 패션프루트퓌레를 섞어둔 볼에 넣어 섞는다. 달걀을 넣어 섞는다.

3_ 달걀흰자는 단단해질 때까지 휘핑하다가, 설탕을 넣어 머랭을 만든다. **2**에 머랭을 조금만 넣어 힘차게 섞고, 남은 머랭도 넣어 조심스럽게 섞는다.

4_ 세르클에 버터를 바르고, 세르클 위로 조금 올라오게 유산지를 잘라 세르클 안쪽 벽면에 붙인다. 세르클을 오븐팬에 올리고, 잘라놓은 타르트지를 세르클 안쪽 바닥에 깐다. 아몬드 패션프루트 아파레유를 붓고, 실리콘스패튤러로 윗면을 매끄럽게 정리한 뒤, 오븐에 30분 굽는다.

패션프루트캐러멜

5_ 패션프루트퓌레를 양이 반으로 줄어들 때까지 졸인 뒤, 연유와 생크림을 넣고 나무스패튤러로 잘 섞는다. 다른 냄비에 글루코오스를 넣고 끓이다가 설탕을 조금씩 넣어 섞는다. 금빛 도는 갈색 캐러멜이 될 때까지 끓인다.

6_ 카라멜리제 글루코오스에 연유와 생크림을 넣은 패션프루트퓌레를 넣고 끓인다. 저염버터를 넣고 섞은 뒤, 차게 식혀서 깍지를 낀 짤주머니에 담는다.

장식

7_ 세르클을 빼낸 타르트를 케이크받침 위에 놓는다. 그 위에 패션프루트캐러멜을 소용돌이모양으로 짠다.

8_ 브러시로 타르트 옆면에 나파주를 바른다.

9_ 오븐을 160℃(불세기 5~6)로 예열한다. 슬리버드 아몬드를 오븐에 구워 골드파우더와 섞고, 타르트 옆면에 돌려가며 골고루 붙인다. 패션프루트 씨를 빼서(p.222 참조) 위에 뿌린다.

TARTE CHOCOLAT-PRALINÉ
aux fruits secs caramélisés

캐러멜너트를 얹은
타르트 오 쇼콜라 프랄리네

8 인분

작업 1시간 + 파트 쉬크레 15분 — **가열** 20분 — **냉장** 15분 + 파트 쉬크레 30분 + 타르트지 성형 후 10분 — **보관** 냉장 2일

난이도 ♢

파트 쉬크레(타르트지)
밀가루 200g
버터 120g
작은 달걀 1개(40g)
슈거파우더 65g
아몬드가루 25g

세르클에 바를 버터

초콜릿 프랄리네 크림
생크림 200㎖
바닐라파우더 1꼬집
카카오 54% 다크초콜릿 200g
프랄리네(가당 헤이즐넛페이스트) 35g
버터 55g

캐러멜너트
물 50㎖
설탕 100g
껍질 벗긴 아몬드 50g
껍질 벗긴 헤이즐넛 60g

초콜릿글라사주
커버추어 다크초콜릿 130g
물 60㎖
글루코오스(포도당) 60g

필요한 도구 지름 22㎝ 타르트세르클 1개

캐러멜너트
아몬드나 헤이즐넛, 피스타치오와 같은 견과류를 카라멜리제하면
단맛과 함께 바삭한 식감과 노릇노릇한 색감이 생겨서 타르트나 디저트에 올려 마무리하기에 좋다.
간단하게 빨리 만들 수 있어서 간식으로도 안성맞춤이다.
만드는 방법은 물과 설탕을 베이스로 한 시럽에 견과류를 넣고,
카라멜리제될 때까지 저으면서 끓인다.

캐러멜너트를 얹은 타르트 오 쇼콜라 프랄리네

타르트지

1_ 작업대에 가볍게 밀가루를 뿌리고, 파트 쉬크레(p.488~489 참조)를 3㎜ 두께로 밀어 편다. 그 위에 지름 22㎝ 타르트세르클을 놓고, 세르클 지름보다 5㎝ 정도 크게 지름 27㎝ 정도의 원을 자른다.

2_ 오븐을 170℃(불세기 5~6)로 예열한다. 세르클에 버터를 바르고, 파트 쉬크레를 세르클 안쪽에 잘 붙여 넣는다(p.493 참조). 유산지를 깐 오븐팬에 세르클을 올리고 10분 냉장한 뒤, 오븐에 넣어 10분 굽는다(p.494 참조). 누름콩을 꺼내고, 노릇하게 색이 날 때까지 10분 더 굽는다. 차게 식히고, 세르클을 빼낸다.

초콜릿 프랄리네 크림

3_ 상온에 둔 생크림에 바닐라파우더를 넣어 섞고, 초콜릿을 중탕으로 녹여서 섞는다. 계속해서 프랄리네와 버터를 넣어 섞은 뒤, 미지근하게 식힌다.

4_ 구운 타르트지에 붓고, 15분 냉장한다.

캐러멜너트

5_ 냄비에 물과 설탕을 넣고 4분 정도 끓인다. 아몬드와 헤이즐넛을 넣고 캐러멜색이 날 때까지 저으면서 끓여 카라멜리제한다.

6_ 유산지에 붓고, 서로 붙지 않도록 칼로 흩어놓는다. 차게 식힌다.

초콜릿글라사주

7_ 볼에 초콜릿을 잘게 부수어놓는다. 냄비에 물과 글루코오스를 넣고 끓인 뒤, 잘게 부순 초콜릿에 붓고 섞는다.

8_ 타르트 위에 붓고, 타르트를 들어서 이리저리 돌려 글라사주가 골고루 퍼지게 한다.

9_ 캐러멜너트를 올려서 장식한다.

TARTELETTES
chocolat-guimauve

초콜릿 기모브
타르틀레트

타르틀레트 10개

작업 1시간 + 파트 쉬크레 15분 — **가열** 약 20분 — **냉장** 30분 + 파트 쉬크레 30분 + 타르틀레트지 성형 후 10분 — **보관** 냉장 2일

난이도 ♧♧

기모브	파트 쉬크레(타르틀레트지)	가나슈 초콜릿글라사주
판젤라틴 2¾장(5.5g)	밀가루 200g	카카오 70% 커버추어초콜릿 100g
물 20㎖	버터 90g	버터 40g
설탕 45g	슈거파우더 90g	물 40㎖
글루코오스(포도당) 20g	아몬드가루 30g	생크림 60㎖
트리몰린(전화당) 25g	달걀 1개(50g)	설탕 45g
트리몰린 25g		
바이올렛 색소 칼끝으로 아주 조금	**부드러운 초콜릿필링**	**장식**
바이올렛 아로마에센스 3방울	버터 30g	슈거파우더
감자전분 35g	카카오 70% 다크초콜릿 50g	
슈거파우더 35g	달걀흰자 2개(45g)	
	설탕 40g	
오븐팬에 바를 기름	밀가루 1큰술	
세르클에 바를 버터	아몬드가루 30g	

필요한 도구 짤주머니 2개 — 8번 원형깍지 1개 — 지름 8㎝ 타르틀레트세르클 10개

세르클

세르클(cercle)은 오랫동안 주로 전문가들이 사용해왔으나 요즘은 상점에서 쉽게 구할 수 있다.
모양과 크기가 다양하고, 타르트틀보다 좀 더 균일한 모양으로
타르트와 타르틀레트를 만들 수 있다. 완성된 타르트와 타르틀레트를 빼내기도 쉬우며,
아마추어도 세르클을 사용하면 보다 완성도 높은 제품을 만들 수 있다.

초콜릿 기모브 타르틀레트

기모브

1_ 판젤라틴을 찬물에 불린다. 냄비에 물, 설탕, 글루코오스, 트리몰린 25g을 넣고 끓인다. 볼에 나머지 트리몰린 25g과 판젤라틴의 물기를 꽉 짜서 담고, 끓인 시럽을 붓는다.

2_ 바이올렛 색소를 넣는다.

3_ 계속해서 바이올렛 아로마에센스를 넣고, 반죽이 골고루 잘 섞이고 미지근해질 때까지 휘저어 섞는다. 깍지를 낀 짤주머니에 담는다.

4_ 오븐팬을 뒤집어 기름을 바른 뒤, 간격을 조금씩 두고 기모브반죽을 길게 1줄씩 짠다.

5_ 감자전분과 슈거파우더를 볼에 담아 섞은 뒤, 기모브가 서로 달라붙지 않도록 체에 쳐서 뿌린다. 2시간 정도 그대로 말리고, 기모브를 뒤집어서 다시 슈거파우더와 감자전분 섞은 것을 골고루 뿌린다.

6_ 기모브로 매듭을 만들고, 나머지는 잘라낸다.

타르틀레트지

7_ 타르틀레트세르클에 버터를 바른다.

8_ 작업대에 가볍게 밀가루를 뿌리고, 파트 쉬크레(p.488~489 참조)를 3㎜ 두께로 밀어 편다.

9_ 파트 쉬크레 위에 지름 8㎝ 타르틀레트세르클을 놓고, 세르클 지름보다 5㎝ 정도 크게 지름 13㎝ 정도의 원을 10개 자른다.

>>>

초콜릿 기모브 타르틀레트

10_ 파트 쉬크레를 세르클 안쪽에 잘 붙여 넣고(p.493 참조), 10분 정도 냉장한다. 오븐을 170℃ (불세기 5~6)로 예열하여 15분 굽는다(p.494 참조).

부드러운 초콜릿필링

11_ 오븐을 200℃(불세기 6~7)로 예열한다. 볼에 버터를 담고, 초콜릿을 중탕으로 녹여 부은 뒤 잘 섞는다.

12_ 달걀흰자를 단단해질 때까지 휘핑하다가, 설탕을 넣어 머랭을 만든다.

13_ 초콜릿을 넣은 버터에 머랭을 조심스럽게 섞는다.

14_ 밀가루와 아몬드가루를 넣고, 실리콘스패튤러로 잘 섞는다.

15_ 깍지를 낀 짤주머니에 담고, 구운 타르틀레트에 소용돌이모양으로 짜서 오븐에 4분 굽는다.

가나슈 초콜릿글라사주

16_ 초콜릿을 잘게 부수어 버터와 함께 볼에 담는다. 냄비에 물, 생크림, 설탕을 넣고 끓인다. 끓 으면 볼에 붓고, 거품기로 조심스럽게 섞는다.

몽타주 & 장식

17_ 숟가락으로 글라사주를 떠서 타르틀레트의 초콜릿필링 위에 고르게 올리고, 20분 냉장한다.

18_ 타르틀레트 가장자리에만 슈거파우더를 뿌리고, 기모브로 만든 매듭을 얹어 완성한다.

TARTE ABRICOTS,
noisettes et cannelle

시나몬과 헤이즐넛이 들어간
살 구 타 르 트

8~10 인분

작업 45분 + 파트 쉬크레 15분 — **냉장** 파트 쉬크레 30분 — **가열** 1시간 — **보관** 냉장 2일

난이도 ⛭⛭

파트 브리제 쉬크레(타르트지)	헤이즐넛크림	시나몬 아파레유
밀가루 160g	버터 60g	버터 25g
버터 90g	설탕 60g	달걀 1개(50g)
소금 ½작은술	헤이즐넛가루 60g	설탕 50g
슈거파우더 1큰술	큰 달걀 1개(60g)	시나몬파우더 1꼬집
물 1작은술	밀가루 1작은술	
달걀 1개(50g)	헤이즐넛가루 20g	**장식**
바닐라파우더 1꼬집		슈거파우더

살구

틀에 바를 버터 20g　　　시럽에 절인 살구 800g

필요한 도구 지름 24㎝ 주름타르트틀 1개

제과에서 살구 활용

여름을 대표하는 작은 과일인 오렌지빛을 띤 노란색 살구는
부드러운 껍질과 달고 즙이 많은 과육으로 이루어져 있다.
신선한 상태에서는 눌려서 상처가 나기 쉽기 때문에 보통 제과에서는
반으로 잘라 시럽에 절인 통조림 살구를 많이 이용한다.

시나몬과 헤이즐넛이 들어간 살구 타르트

타르트지

1_ 작업대에 가볍게 밀가루를 뿌리고, 파트 브리제 쉬크레(p.490 참조)를 3㎜ 두께로 밀어 편다. 그 위에 타르트틀을 놓고, 틀 지름보다 5㎝ 정도 크게 지름 30㎝ 정도의 원을 자른다.

2_ 타르트틀에 버터를 바르고, 안쪽에 파트 브리제 쉬크레를 잘 붙여 넣는다(p.493 참조). 포크로 타르트지를 골고루 찌른다.

헤이즐넛크림

3_ 버터를 포마드 상태가 될 때까지 휘저어 설탕, 헤이즐넛가루 60g을 넣고 섞는다.

4_ 달걀을 넣고 잘 휘저어 섞은 뒤, 밀가루를 넣고 섞는다.

몽타주

5_ 헤이즐넛크림을 타르트지에 붓고, 숟가락으로 평평하게 편다.

6_ 헤이즐넛가루 20g을 흩뿌린다.

7_ 시럽에 절인 살구의 물기를 빼서 그 위에 가지런히 놓는다.

시나몬 아파레유

8_ 오븐을 220℃(불세기 7~8)로 예열한다. 냄비에 버터를 넣고, 갈색빛이 날 때까지 끓인다. 달걀, 설탕, 시나몬파우더를 볼에 담고 거품기로 휘저어 섞은 뒤, 갈색빛으로 끓인 버터를 붓고 힘차게 섞는다.

9_ 숟가락으로 살구 위에 시나몬 아파레유를 올린다. 오븐에 15분 구워서 타르트가 노릇해지면 오븐온도를 190℃(불세기 6~7)로 낮춰서 45분 더 굽는다. 미지근하게 식혀서 틀에서 빼내고, 슈거파우더를 체에 쳐서 뿌린다.

CHEF'S TIP

헤이즐넛크림 위에 뿌리는 헤이즐넛가루는
제누아즈나 비스퀴로 만든 빵가루로 대체할 수 있다.
가루를 뿌리는 것은 살구에서 나오는 여분의 수분을 빨아들이기 위해서이다.
살구가 제철이라면 신선한 살구를 이용해도 좋다.

TARTE
aux myrtilles
블루베리 타르트

8~10 인분

작업 1시간 + 파트 쉬크레 15분 — **가열** 약 35분 — **냉장** 파트 쉬크레 30분 + 타르트지 성형 후 10분 — **보관** 냉장 2일

난이도 🌸

파트 쉬크레(타르트지)	아몬드크림
밀가루 200g	버터 60g
버터 120g	설탕 60g
슈거파우더 70g	아몬드가루 60g
소금 ½작은술	바닐라빈 1개
아몬드가루 30g	달걀 1개(50g)
작은 달걀 1개(40g)	
	장식
틀에 바를 무른 버터 50g	살구나파주 50g
	블루베리 250g
	슈거파우더 20g

필요한 도구 지름 24㎝ 주름타르트틀 1개 — 브러시 1개

좋은 블루베리 고르기

둥근 보랏빛 열매인 블루베리는 알자스, 로렌, 프랑슈-콩테 지역의 숲에서
6~10월 중순까지 채취할 수 있다. 야생 블루베리는 기생충 알이 있을 수 있으므로
반드시 깨끗이 씻어서 사용한다. 블루베리는 동그랗고 크기가 일정하며,
톱니모양 꼭지가 오목한 것을 고른다. 주름진 것이나 시든 것은 피한다.

블루베리 타르트

타르트지

1_ 오븐을 170℃(불세기 5~6)로 예열한다. 타르트틀에 버터를 바른다. 파트 쉬크레(p.488~489 참조)를 3mm 두께로 밀어 편다. 그 위에 타르트틀을 놓고, 틀 지름보다 5cm 정도 크게 지름 30cm 정도의 원을 자른다. 틀 안쪽에 파트 쉬크레를 잘 붙여 넣는다(p.493 참조).

아몬드크림

2_ 버터를 포마드 상태가 될 때까지 휘저어 풀고, 설탕을 넣어 섞는다.

3_ 아몬드가루를 넣고 섞는다.

4_ 바닐라빈을 길게 갈라서 칼끝으로 속을 긁어 넣고 섞는다.

5_ 달걀을 넣고 섞는다.

몽타주 & 장식

6_ 아몬드크림을 타르트지에 붓고, 실리콘스패튤러로 고르게 잘 편다. 오븐에 35분 구운 뒤, 미지근하게 식힌다.

7_ 타르트틀을 빼고, 브러시로 살구나파주를 바른다.

8_ 타르트 위에 블루베리를 가지런히 올린다.

9_ 슈거파우더를 체에 쳐서 뿌린다.

CHEF'S TIP

아몬드크림은 구우면 부풀어서 넘칠 수 있으므로 항상 중간 높이까지만 붓는다.
이 레시피의 분량도 딱 그 정도의 양으로 계량한 것이다.

TARTE EXOTIQUE
aux framboises

라즈베리를 두른
열대과일 타르트

6~8 인분

작업 1시간 30분 — **가열** 35분 — **냉동** 2시간 10분

난이도 ♧♧♧

사블레 브르통
아몬드가루 20g
무른 저염버터 125g
설탕 50g
달걀노른자 1개(20g)
밀가루 100g
베이킹파우더 ½작은술

열대과일크림
망고퓌레 65g
패션프루트퓌레 85g
글루코오스(포도당) 25g
설탕 50g
펙틴 ½작은술

코코넛무스
코코넛밀크 70㎖
설탕 20g
코코넛가루 20g
판젤라틴 1½장(3g)
생크림 160㎖

장식
미루아르 150g
라즈베리 250g
슈거파우더

필요한 도구 짤주머니 1개 — 지름 20㎝ 타르트세르클 1개 — 지름 16㎝ 앙트르메세르클 1개 — 케이크받침 1개 — 10번 원형깍지 1개

코르네(cornet, 유산지로 만든 원뿔모양의 작은 짤주머니)

미루아르로 마무리하기
미루아르는 사용하기 쉽고 디저트를 보기 좋게 마무리할 수 있게 해주기 때문에,
셰프들은 미루아르를 발라서 더 전문적이고 완벽한 제품을 만들 수 있다.
미루아르의 달콤한 맛은 어떤 디저트와도 잘 어우러지며,
타르트나 케이크 등에 바르면 반짝반짝 빛나는 아름다운 디저트가 된다.

라즈베리를 두른 열대과일 타르트

사블레 브르통

1_ 오븐을 160℃(불세기 5~6)로 예열한다. 아몬드가루와 버터, 설탕을 휘저어 섞는다.

2_ 달걀노른자를 넣고 계속 섞는다.

3_ 밀가루와 베이킹파우더도 함께 체에 쳐서 넣고, 실리콘스패튤러로 섞는다.

4_ 깍지를 낀 짤주머니에 반죽을 담는다. 유산지를 지름 20㎝ 타르트세르클보다 높이가 높고 둘레는 길게 잘라서 세르클 안쪽 벽면에 붙인다. 유산지를 깐 오븐팬에 세르클을 올리고, 바닥에 사블레 브르통 반죽을 소용돌이모양으로 짠다. 오븐에 35분 굽는다.

열대과일크림

5_ 냄비에 망고퓌레, 패션프루트퓌레, 글루코오스를 넣고 가열한다. 설탕과 펙틴을 섞어 퓌레에 붓고 끓인 뒤, 볼에 옮겨 담는다.

6_ 차갑게 식혀서 거품기로 섞는다. 열대과일크림을 조금 덜어서 코르네에 담고, 나머지는 냉장한다.

코코넛무스

7_ 판젤라틴을 찬물에 불린다. 냄비에 코코넛밀크, 설탕, 코코넛가루를 넣고 끓여서 볼에 옮겨 담는다.

8_ 판젤라틴의 물기를 꽉 짜서 뜨거운 코코넛크림에 넣어 섞고, 차게 식힌다.

9_ 다른 볼에 생크림을 담아 부드럽지만 어느 정도 단단해질 때까지 휘핑한다.

>>>

라즈베리를 두른 열대과일 타르트

10_ 코코넛크림에 휘핑한 생크림을 ⅓만 넣고 세차게 저어서 섞는다.

11_ 휘핑한 나머지 생크림을 모두 넣고 거품기로 가볍게 섞은 뒤, 실리콘스패튤러로 저어서 마무리한다.

몽타주 & 장식

12_ 지름 16㎝ 앙트르메세르클 위에 랩을 씌우고, 뒤집어서 케이크받침에 놓는다. 세르클 바닥에 코르네에 담아둔 열대과일크림을 다양한 크기로 동그랗게 짜서 10분 냉동한다.

13_ 열대과일크림 위에 그대로 코코넛무스를 붓고, 스패튤러로 윗면을 매끈하게 정리하여 2시간 냉동한다.

14_ 세르클에서 빼낸 사블레 브르통에 남겨둔 열대과일크림을 붓고, 순가락으로 평평하게 편다.

15_ 코코넛무스를 부어 냉동한 앙트르메세르클을 꺼내고, 뒤집어서 랩을 벗긴다. 그 위에 미루아르를 붓고, 스패튤러로 윗면을 매끈하게 정리한다.

16_ 앙트르메세르클을 빼내고, 그대로 사블레 브르통 위에 얹는다.

17_ 슈거파우더를 체에 쳐서 라즈베리에 뿌린다.

18_ 타르트 가장자리에 라즈베리를 둘러서 마무리한다.

TARTE PAMPLEMOUSSE
meringuée

이탈리안머랭을 올린
자몽 타르트

8 인분

작업 45분 + 파트 쉬크레 15분 + 이탈리안머랭 15분 — **가열** 1시간 + 15분

냉장 파트 쉬크레 30분 + 타르트지 성형 후 10분 — **보관** 1일

난이도 ♙♙

파트 쉬크레(타르트지)
밀가루 200g

버터 120g

슈거파우더 65g

아몬드가루 20g

작은 달걀 1개(40g)

세르클에 바를 버터

자몽 아파레유
달걀 2½개(130g)

설탕 160g

아몬드가루 30g

감자전분 25g

자몽즙 130g

녹인 버터 30g

자몽제스트콩피
제스트용 자몽 ¼개

물 100㎖

설탕 100g

석류시럽 2작은술

소금 1꼬집

자몽 세그먼트*
자몽 3개

나파주

이탈리안머랭
달걀흰자 2개(60g)

설탕 120g

물 60㎖

*세그먼트(segment)_ 과일을 속껍질까지 벗겨
과육만 한 쪽씩 자른 조각 또는 자르는 것.

필요한 도구 지름 22㎝ 타르트세르클 1개

감귤류 세그먼트
감귤류의 과육을 손질할 때는 겉껍질과 속껍질을 함께 벗긴 뒤,
칼로 하얀 속껍질 안쪽의 과육만 잘라내는데, 이렇게 잘라낸 과육을
영어로는 세그먼트(segment), 프랑스어로는 쉬프렘(suprême)이라고 한다.
참고로 겉껍질은 콩피에 사용할 수 있으므로 버리지 않는다.

이탈리안머랭을 올린 자몽 타르트

타르트지

1_ 오븐을 170℃(불세기 6~7)로 예열한다. 작업대에 가볍게 밀가루를 뿌리고, 파트 쉬크레(p.488 ~489 참조)를 약 3mm 두께로 밀어 편다. 그 위에 세르클을 놓고, 세르클 지름보다 5cm 정도 크게 지름 27cm 정도의 원을 자른다.

2_ 세르클에 버터를 바르고, 파트 쉬크레를 세르클 안쪽에 잘 붙여 넣는다(p.493 참조). 유산지를 깐 오븐팬에 올려서 20분 정도 굽는다(p.494 참조). 굽고 난 뒤 오븐은 *끄지* 않고 170℃를 계속 유지한다.

자몽 아파레유

3_ 볼에 설탕과 달걀을 넣고 섞는다.

4_ 아몬드가루와 감자전분을 넣고 거품기로 잘 섞는다.

5_ 자몽즙을 넣고 섞은 뒤, 녹인 버터도 섞는다.

6_ 구운 타르트지에 자몽 아파레유를 붓고, 오븐에 40분 굽는다. 상온에서 차게 식힌다.

자몽제스트콩피

7_ 필러로 자몽제스트를 긁어 준비한다.

8_ 자몽제스트를 길이로 가늘게 채썬다.

9_ 끓는 물에 소금 1꼬집을 넣고, 채썬 자몽제스트를 넣어 흰빛이 돌 때까지 끓인다. 소금은 다시 넣지 않고, 뿌옇게 변한 물만 새로 바꿔주면서 반복한다.

>>>

이탈리안머랭을 올린 자몽 타르트

10_ 냄비에 물과 설탕을 넣고 끓여서 시럽을 만든 뒤, 석류시럽과 자몽제스트를 넣는다. 약불에 15분 정도 끓여서 콩피를 만든다.

11_ 완성된 콩피를 키친타월에 놓고, 여분의 시럽과 물기를 뺀다.

자몽 세그먼트

12_ 자몽껍질을 손질하는데, 먼저 위아래를 자른다. 자몽을 도마 위에 세워놓고, 옆면을 따라 하얀 속껍질과 함께 겉껍질을 벗겨 과육만 남긴다.

13_ 하얀 속껍질 사이의 자몽과육을 1조각씩 잘라서 씨를 뺀다.

이탈리안머랭

14_ 이탈리안머랭(p.487 참조)을 만든다.

몽타주 & 장식

15_ 자몽 타르트 가장자리에서 2㎝ 안쪽에 이탈리안머랭을 올린다.

16_ 스패튤러로 이탈리안머랭을 가볍게 쳐서 뿔모양을 만든다. 같은 방법으로 전체에 뿔모양을 만들고, 그대로 오븐에 몇 분 넣어서 머랭 겉면에 색이 나게 굽는다.

17_ 이탈리안머랭 주위에 자몽 세그먼트를 가지런히 올리고, 브러시로 나파주를 가볍게 바른다.

18_ 자몽제스트콩피로 장식하여 마무리한다.

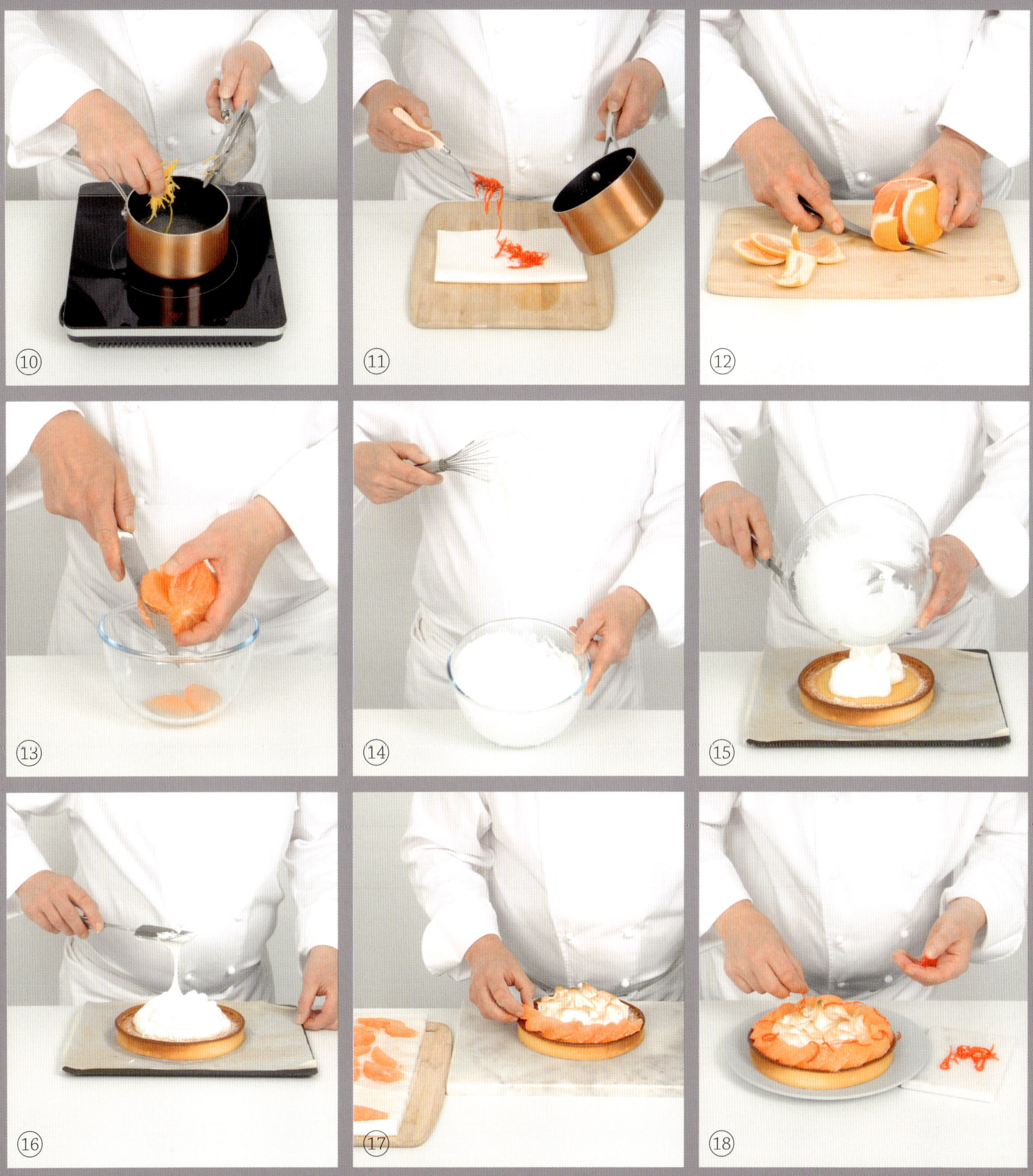

TARTE
passion-chocolat
패션프루트 초콜릿 타르트

8 인분

작업 1시간 + 파트 쉬크레 15분 — **가열** 33분 — **냉장** 30분 + 파트 쉬크레 30분 + 타르트지 성형 후 10분 — **보관** 냉장 2일

난이도 ♧♧

파트 쉬크레(타르트지)
밀가루 200g
버터 120g
슈거파우더 65g
아몬드가루 20g
작은 달걀 1개(40g)

세르클에 바를 버터

미-퀴 아파레유
밀크초콜릿 50g
카카오 70% 다크초콜릿 30g
달걀 1½개(75g)
설탕 65g
말리부 2작은술
무른 버터 60g

패션프루트크림
판젤라틴 1½장(3g)
달걀 2개(100g)
설탕 85g
패션프루트퓌레 80g
버터 140g

패션프루트글라사주
나파주 100g
패션프루트 1개

대팻밥모양의 코포초콜릿
밀크 판초콜릿 1개

필요한 도구 지름 22㎝ 타르트세르클 1개

패션프루트

브라질이 원산지인 패션프루트는 세콤하면서 향이 아주 강한 과일이다.
패션프루트라는 이름은 이 과일의 꽃인 'passiflore(패션플라워)'에서 따 온 것이다.
이는 라틴어 'passio(passion)'와 'flor(flower)'의 복합어로, '수난'이란 의미의
'passio'가 붙은 이유는 꽃 모양이 선교사들에게 예수 그리스도의 수난과
관련된 여러 성물들(가시관, 못, 망치 등)을 연상시켰기 때문이다.

패션프루트 초콜릿 타르트

타르트지

1_ 오븐을 170℃(불세기 5~6)로 예열한다. 작업대에 가볍게 밀가루를 뿌리고, 파트 쉬크레 (p.488~489 참조)를 3㎜ 두께로 밀어 편다. 그 위에 세르클을 놓고, 세르클 지름보다 5㎝ 정도 크게 지름 27㎝ 정도의 원을 자른다.

2_ 세르클에 버터를 바르고 파트 쉬크레를 세르클 안쪽에 잘 붙여 넣은 뒤(p.493 참조), 유산지를 깐 오븐팬에 올린다.

3_ 오븐에 10분 굽는다(p.494 참조). 누름콩을 꺼내고 15분 더 굽는다.

미-퀴 아파레유

4_ 2가지 초콜릿을 함께 중탕으로 녹인다. 오븐온도를 180℃(불세기 6)로 올린다.

5_ 볼에 달걀과 설탕을 넣고 휘저어 섞은 뒤, 말리부를 넣는다.

6_ 버터를 포마드 상태가 될 때까지 휘저은 뒤, 녹인 초콜릿에 넣고 섞는다. 달걀, 설탕, 말리부를 섞은 것에 붓고, 거품기로 섞는다.

7_ 구운 타르트지에 아파레유를 붓고, 오븐에 8분 구워서 식힌다.

패션프루트크림

8_ 판젤라틴을 찬물에 불린다. 달걀과 설탕을 볼에 넣어 하얗고 단단해질 때까지 휘핑한다.

9_ 패션프루트퓌레를 끓여 곧바로 부으면서 거품기로 섞는다.

>>>

패션프루트 초콜릿 타르트

10_ 다시 냄비에 모두 붓고, 계속 저으면서 살짝 끓인다.

11_ 불에서 내려 물기를 짠 판젤라틴을 넣고 섞는다.

12_ 볼에 옮겨서 5분 정도 미지근하게 식힌 뒤, 버터를 여러 번 나누어 넣고 섞는다.

몽타주

13_ 타르트세르클을 뺀다. 미-퀴 아파레유를 부어서 구운 타르트지에 패션프루트크림을 붓는다.

14_ 타르트를 좌우로 살짝 흔들어서 크림이 골고루 퍼지게 한다. 30분 냉장한다.

15_ 나파주를 붓고 스패튤러로 매끈하게 정리한다.

16_ 패션프루트의 속(즙과 씨)을 파서 작은 볼에 담고, 거품기로 1~2번 휘저어 섬유질을 제거한다. 포크로 씨를 건져서 타르트 위에 골고루 올린다.

장식

17_ 밀크 판초콜릿을 필러로 긁어 대팻밥모양의 코포초콜릿을 만든다. 필러 대신 칼을 사용해도 된다.

18_ 코포초콜릿으로 타르트를 장식하여 마무리한다.

CHEF'S TIP

타르트에 좀 더 화려한 색감을 내고 싶다면
대팻밥모양의 코포초콜릿 대신 라즈베리로 장식해보자.

TARTE POMMES-NOISETTES
et crème pralinée

프랄리네크림을 얹은
사과 헤이즐넛 타르트

8 인분

작업 1시간 + 파트 쉬크레 15분 — **가열** 50분 — **냉장** 1시간 + 파트 쉬크레 30분 + 타르트지 성형 후 10분 — **보관** 냉장 2일

난이도 ⬭

파트 쉬크레(타르트지)
밀가루 200g
버터 120g
슈거파우더 65g
아몬드가루 20g
작은 달걀 1개(40g)

세르클에 바를 버터

헤이즐넛 아파레유
큰 달걀 1개(60g)
설탕 50g
녹인 버터 25g
헤이즐넛페이스트 30g

카라멜리제 사과
사과 5개
버터 40g
설탕 40g

헤이즐넛 사블레
물 20㎖
설탕 50g
껍질 벗긴 헤이즐넛 50g

헤이즐넛 마스카르포네 크림
생크림 120㎖
마스카르포네치즈 70g
헤이즐넛페이스트 20g

장식
나파주 100g
슈거파우더

필요한 도구 지름 22㎝ 타르트세르클 1개 — 조리용 온도계 1개 — 브러시 1개 — 케이크받침 1개

타르트에 알맞은 사과

수많은 품종 중에서 타르트용, 콩포트용, 디저트용 생과일 등
각각의 용도에 알맞은 사과를 선택하는 것은 매우 어려운 일이다.
이 레시피에서는 사과를 가열해도 무르지 않고 풍미와 색을 유지해야 하기 때문에
'골든(Golden)', '루비네트(Rubinette)', '렌 드 레네트(Reines des Reinettes)',
'벨 데 보스콥(Belles de Boskoop)' 품종 등을 사용하면 좋다.

프랄리네크림을 얹은 사과 헤이즐넛 타르트

타르트지

1_ 오븐을 180℃(불세기 6)로 예열한다. 작업대에 가볍게 밀가루를 뿌리고, 파트 쉬크레 (p.488~489 참조)를 3mm 두께로 밀어 편다. 그 위에 세르클을 놓고, 세르클 지름보다 5cm 정도 크게 지름 27cm 정도의 원을 자른다. 세르클에 버터를 바르고, 파트 쉬크레를 세르클 안쪽에 잘 붙여 넣는다(p.493 참조).

2_ 랩으로 덮고, 누름콩을 올려서 오븐에 10분 굽는다(p.494 참조).

헤이즐넛 아파레유

3_ 달걀, 설탕, 녹인 버터를 볼에 담고 잘 섞은 뒤, 헤이즐넛페이스트를 넣고 섞는다. 구운 타르트지에 붓고 냉장한다.

카라멜리제 사과

4_ 사과는 껍질을 벗기고, 씨를 빼서 4등분한다. 팬에 버터와 설탕을 넣고 카라멜리제될 때까지 끓인 뒤, 사과를 넣고 5분 익힌다. 상온에서 차게 식힌다.

헤이즐넛 사블레

5_ 냄비에 물과 설탕을 넣고, 되직한 시럽이 될 때까지 끓인다. 조리용 온도계로 재서 110℃가 되면 완성. 여기에 껍질 벗긴 헤이즐넛을 넣고, 하얗게 될 때까지 2분 정도 저으면서 가열한다. 오븐 팬에 부어 차게 식힌다.

헤이즐넛 마스카르포네 크림

6_ 볼에 생크림을 담아 거품기 끝에 단단한 뿔모양이 만들어질 때까지 휘핑한다. 마스카르포네치즈를 거품기로 휘저어 푼 뒤, 휘핑한 생크림과 섞는다. 헤이즐넛페이스트를 조금씩 넣으면서 섞고, 1시간 정도 냉장한다.

몽타주 & 장식

7_ 오븐온도를 200℃(불세기 7)로 올린다. 헤이즐넛 아파레유를 부어 냉장한 타르트지에 카라멜리제 사과를 장미꽃모양으로 가지런히 올린 뒤, 오븐에 40분 구워서 차게 식힌다.

8_ 브러시로 사과에 나파주를 바르고 케이크받침을 덮은 뒤, 타르트 가장자리에 슈거파우더를 체에 쳐서 뿌린다.

9_ 헤이즐넛 사블레를 군데군데 올리고, 헤이즐넛 마스카르포네 크림도 함께 얹어서 서빙한다.

CHEF'S TIP

크림을 크넬(럭비공모양)로 만들어서 타르트 위에 장식해보자. 먼저 숟가락 2개를 뜨거운 물에 담근다. 숟가락 1개로 크림을 떠서 다른 숟가락으로 옮기고, 크림이 전체적으로 매끈한 럭비공모양이 될 때까지 이 과정을 반복하여 그대로 타르트 위에 올리면 완성이다.

TARTELETTES CITRON-MENTHE
aux fruits rouges et au kumquat

금귤과 베리를 얹은
레몬민트 타르틀레트

타르틀레트 10개

작업 1시간 + 파트 쉬크레 15분 — **가열** 20분 — **냉장** 30분 + 파트 쉬크레 30분 — **보관** 냉장 1일

난이도 ♟♟

파트 쉬크레(타르틀레트지)
밀가루 200g
버터 90g
슈거파우더 90g
아몬드가루 30g
달걀 1개(50g)

세르클에 바를 버터

아몬드크림
버터 80g
설탕 80g
큰 달걀 1개(60g)
아몬드가루 80g
바닐라빈 1개

레몬민트크림
생크림 500㎖
설탕 75g
즙과 제스트용 레몬 3개
민트잎 8장
버터 50g
달걀 5½개(270g)
옥수수전분 45g

신선한 과일
딸기 20개
블랙베리 10개
금귤 4개
라즈베리 20개
블루베리 30개
레드커런트 4송이

필요한 도구 지름 8㎝ 타르틀레트세르클 10개 — 짤주머니 1개 — 8번 원형깍지 1개

프뤼이 루주

프랑스에서는 딸기, 라즈베리, 카시스, 블루베리, 레드커런트 등의 여러 베리류를 통틀어
'프뤼이 루주(Fruits Rouges)'라고 부른다. 여름을 상징하는 신선하고 맛있는 작은 베리류는
타르트, 앙트르메, 잼 등과 아주 잘 어울린다. 또한 샐러드에 넣거나
가니시를 만들거나 장식으로 올려도 좋고, 무스와 크림에 넣어도 맛있다.
특히, 프뤼이 루주를 올린 타르트는 제철에만 맛볼 수 있는 스페셜 디저트이다.

금귤과 베리를 얹은 레몬민트 타르틀레트

타르틀레트지

1_ 작업대에 가볍게 밀가루를 뿌리고, 파트 쉬크레(p.488~489 참조)를 3㎜ 두께로 밀어 편다. 그 위에 세르클을 놓고, 세르클 지름보다 5㎝ 정도 크게 지름 13㎝ 정도의 원을 10개 자른다.

2_ 타르틀레트세르클에 버터를 바르고, 파트 쉬크레를 각각의 세르클 안쪽에 잘 붙여 넣는다 (p.493 참조).

3_ 위로 삐져나온 여분의 반죽은 칼로 자르고, 유산지를 깐 오븐팬에 올린다.

아몬드크림

4_ 오븐을 180℃(불세기 6)로 예열한다. 볼에 버터를 넣고 포마드 상태가 될 때까지 휘저어 푼 뒤, 설탕을 넣고 섞는다. 달걀을 넣고, 아몬드가루를 넣어 섞는다.

5_ 바닐라빈을 길게 갈라서 칼끝으로 속을 긁어 넣고 섞는다.

6_ 아몬드크림을 타르틀레트지에 ¾씩만 채우고, 오븐에 20분 굽는다.

7_ 상온에서 차게 식히고, 세르클을 빼낸다.

레몬민트크림

8_ 냄비에 생크림을 붓고, 준비한 설탕 ½과 레몬제스트를 갈아서 넣는다.

9_ 민트잎을 넣고, 핸드블렌더로 갈아서 체에 거른다.

>>>

10_ 레몬즙을 넣고, 버터를 넣는다.

11_ 살짝 끓인다.

12_ 그 동안 달걀과 남은 설탕을 함께 휘핑한 뒤, 옥수수전분을 넣고 잘 섞는다.

13_ 민트잎, 레몬즙, 제스트를 넣어 끓인 뜨거운 생크림을 ⅔ 정도만 붓고 힘차게 저어 섞는다.

14_ 냄비에 다시 옮겨 담고, 거품기로 계속 저으면서 중불로 되직해질 때까지 끓인다.

15_ 계속 저으면서 1분 정도 끓인다. 볼에 옮겨 담아 30분 냉장한다.

몽타주 & 장식

16_ 레몬민트크림을 거품기로 휘저어 매끄럽게 푼다. 스패튤러로 깍지를 낀 짤주머니에 레몬민트 크림을 담는다.

17_ 아몬드크림을 채워 구운 타르틀레트 위에 레몬민트크림을 소용돌이모양으로 고르게 짠다.

18_ 딸기와 블랙베리는 반으로 자르고, 금귤은 얇게 슬라이스한다. 라즈베리, 블루베리, 레드커런트와 함께 타르틀레트 위에 골고루 올려 완성한다. 먹기 전에 냉장보관한다.

TARTELETTES CRÈME BRÛLÉE
aux fruits frais

신선한 과일을 얹은
크렘 브륄레 타르틀레트

타르틀레트 10개

작업 45분 + 파트 쉬크레 15분 — **가열** 55분 — **냉장** 30분 + 파트 쉬크레 30분 + 타르틀레트지 성형 후 10분 — **보관** 냉장 1일

난이도 ♧♧

파트 쉬크레(타르틀레트지)
밀가루 200g

버터 90g

슈거파우더 90g

아몬드가루 30g

달걀 1개(50g)

세르클에 바를 버터 20g

크렘 브륄레 아파레유
생크림 420㎖

설탕 60g

바닐라빈 2개

달걀노른자 5개(100g)

신선한 과일
망고 2개

코코넛 1개

체리 10개

무화과 3개

꽈리 10개

필요한 도구 지름 8㎝ 타르틀레트세르클 10개

크렘 브륄레

프랑스에서 인기 있는 디저트인 크렘 브륄레(Crème Brûlée)는
우유, 달걀노른자, 설탕이 기본 재료이다. 크렘 브륄레를 만들 때는
오븐에 크림을 구워 식힌 뒤, 설탕을 뿌린다. 그리고 다시 오븐에 넣거나,
토치로 설탕을 그슬려서 카라멜리제한다. 차가운 크림 위에 얹은 진한 캐러멜은
크렘 브륄레의 상징이라 할 수 있다.

타르틀레트지

1_ 작업대에 가볍게 밀가루를 뿌리고, 파트 쉬크레(p.488~489 참조)를 3㎜ 두께로 밀어 편다. 그 위에 세르클을 놓고, 세르클 지름보다 5㎝ 정도 크게 지름 13㎝ 정도의 원을 10개 자른다.

2_ 타르틀레트세르클에 버터를 바르고, 파트 쉬크레를 안쪽에 잘 붙여 넣는다(p.493 참조). 위로 삐져나온 여분의 반죽은 칼로 자르고, 유산지를 깐 오븐팬에 올린다.

3_ 오븐을 160℃(불세기 5~6)로 예열한다. 타르틀레트지를 랩으로 덮고, 누름콩을 올려 오븐에 15분 굽는다(p.494 참조).

4_ 누름콩을 꺼내고, 오븐온도를 150℃(불세기 5)로 낮추어 10분 더 굽는다.

크렘 브륄레 아파레유

5_ 오븐온도를 100℃(불세기 3~4)로 낮춘다. 생크림과 설탕을 섞는다.

6_ 바닐라빈을 길게 갈라서 칼끝으로 속을 긁어 넣고 섞는다.

7_ 계속해서 달걀노른자를 넣고 섞는다.

8_ 국자로 크렘 브륄레 아파레유를 구운 타르틀레트지에 나눠 붓는다. 크렘 브륄레가 단단해질 때까지 오븐에 30분 굽고, 30분 냉장하여 식힌다.

몽타주 & 장식

9_ 망고를 1×1㎝ 정사각형으로 깍둑썰기한다. 코코넛은 씨를 빼고, 필러로 얇게 깎는다. 체리는 반으로 잘라 씨를 빼고, 무화과는 얇게 썬다. 타르틀레트에 손질한 과일을 골고루 얹고, 코코넛과 꽈리로 장식하여 마무리한다.

CHEF'S TIP

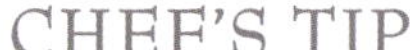

구운 타르틀레트의 바닥이 찢어져도 걱정할 필요 없다.
파트 쉬크레를 조금 떼어 찢어진 부분을 메운 뒤, 오븐에 5분 정도 다시 구우면 된다.

TARTE AUX FRAISES
gariguettes saveur yuzu

유자 풍미의
가리게트 딸기 타르트

6~8인분

작업 30분 + 크렘 파티시에 15분 + 파트 쉬크레 15분 — **냉장** 파트 쉬크레 30분 — **가열** 30분 — **보관** 냉장 2일

난이도 ♧♧

파트 쉬크레(타르트지)
밀가루 150g
버터 75g
슈거파우더 75g
아몬드가루 20g
달걀 ½개(30g)

세르클에 바를 버터

유자 아몬드 크림
버터 60g
유자콩피 80g
아몬드가루 60g
큰 달걀 1개(60g)

유자 크렘 파티시에
크렘 파티시에
우유 170㎖
버터 12g
달걀노른자 1½개(35g)
설탕 40g
밀가루 2작은술
옥수수전분 1½작은술
유자콩피 40g

딸기
가리게트 딸기 500g
나파주 100g

장식
유자콩피 30g

필요한 도구 지름 20㎝ 타르트세르클 1개 — 케이크받침 1개 — 브러시 1개

가리게트 딸기

가리게트(Gariguettes) 딸기는 중간 크기로 타원형이고, 오렌지색을 띤 붉은색이며
맛은 새콤달콤하다. 과육은 단단하지만 입에 넣으면 식감이 부드럽고 과즙이 풍부하다.
보통 5~6월이 제철로, 주로 남프랑스 지방과 브르타뉴에서 재배된다.

유자 풍미의 가리게트 딸기 타르트

타르트지

1_ 작업대에 가볍게 밀가루를 뿌리고, 파트 쉬크레(p.488~489 참조)를 3mm 두께로 밀어 편다. 그 위에 세르클을 놓고, 세르클 지름보다 5cm 정도 크게 지름 25cm 정도의 원을 자른다.

2_ 세르클 안쪽에 버터를 바르고 파트 쉬크레를 잘 붙여 넣은 뒤(p.493 참조), 유산지를 깐 오븐팬에 올린다.

유자 아몬드 크림

3_ 오븐을 170℃(불세기 5~6)로 예열한다. 볼에 버터와 유자콩피를 담아 휘저어 섞고, 아몬드가루를 넣어 섞는다.

4_ 계속해서 달걀을 넣고 섞는다.

5_ 완성된 유자 아몬드 크림을 타르트지에 붓고, 스패튤러로 잘 편다. 오븐에 30분 구워서 식힌다.

유자 크렘 파티시에

6_ 크렘 파티시에(p.480 참조)를 만든다. 유자콩피를 넣고 섞어서 차게 식힌다.

몽타주

7_ 유자 아몬드 크림을 부어서 구운 타르트지를 케이크받침에 놓고 세르클을 뺀다. 유자 크렘 파티시에를 휘저어 매끄럽게 푼 뒤, 타르트지에 올린다.

8_ 딸기는 물기를 빼고 반으로 자른다. 유자 크렘 파티시에 위에 가장자리에서부터 딸기를 가지런히 올린다. 바깥쪽에서 안쪽으로 촘촘하게 채운다.

9_ 딸기에 브러시로 나파주를 바르고, 유자콩피로 장식하여 마무리한다.

CHEF'S TIP

가리게트 딸기가 아닌 일반 딸기나 라즈베리로 만들어도 좋다.
일반 딸기나 라즈베리도 유자향과 매우 잘 어울린다.

TARTE RHUBARBE
parfumée au safran
사프란향
루바브 타르트

8 인분

작업 45분 + 파트 쉬크레 15분 — **가열** 50분 — **냉장** 파트 쉬크레 1시간 + 타르트지 성형 후 10분 — **보관** 냉장 2일

난이도 ♡

파트 쉬크레(타르트지)
버터 100g
슈거파우더 100g
아몬드가루 1큰술
밀가루 210g
달걀 1개(50g)

세르클에 바를 버터

루바브 푸알레
루바브 700g
버터 30g
설탕 50g

사프란 아파레유
달걀 1½개(80g)
설탕 60g
사프란 암술 4~5개(없으면 사프란 향신료 조금)
생크림 200㎖

장식
슈거파우더

필요한 도구 지름 22㎝ 타르트세르클 1개 — 케이크받침 1개

루바브

여름이 제철인 루바브는 붉은색을 띤 줄기식물로 프랑스에서는 '페시욜(Pétioles)'이라고도 부른다.
주로 타르트에 많이 사용하며, 콩포트나 잼으로도 많이 먹는다.
산이 많이 들어 있기 때문에 가열할 때 설탕을 넣어 맛을 중화시키는 것이 좋다.

사프란향 루바브 타르트

타르트지

1_ 오븐을 170℃(불세기 5~6)로 예열한다. 작업대에 가볍게 밀가루를 뿌리고, 파트 쉬크레 (p.488~489 참조)를 3mm 두께로 밀어 편다. 그 위에 세르클을 놓고, 세르클 지름보다 5cm 정도 크게 지름 27cm 정도의 원을 자른다.

루바브 푸알레

2_ 세르클에 버터를 바르고, 안쪽에 파트 쉬크레를 잘 붙여 넣는다(p.493 참조). 유산지를 깐 오븐 팬에 놓고 10분 냉장한 뒤, 오븐에 10분 굽는다(p.494 참조). 굽고 난 뒤에도 오븐은 그대로 170℃를 유지한다.

3_ 루바브 껍질을 벗기고, 1.5cm 두께로 둥글게 썬다. 팬에 버터와 설탕을 넣고 가열하다가, 루바브를 넣고 센불에 2~3분 익힌다.

사프란 아파레유

4_ 볼에 달걀과 설탕을 넣고 휘핑한다. 사프란 암술을 넣는다.

5_ 생크림을 넣고 섞는다.

6_ 구운 타르트지에 사프란 아파레유를 ⅓ 정도만 채운다.

7_ 둥글게 썬 루바브 푸알레를 가지런히 올린다.

8_ 남은 사프란 아파레유를 모두 붓고, 오븐에 40분 굽는다.

장식

9_ 타르트가 완전히 식으면 세르클을 빼낸다. 케이크받침을 타르트 가운데에 올리고, 가장자리에만 슈거파우더를 뿌려서 마무리한다.

TARTELETTES AUX FIGUES
et éclats de dragées
드라제를 올린
무화과 타르틀레트

타르틀레트 10개

작업 45분 + 파트 쉬크레 15분 — **가열** 30분 — **냉장** 파트 쉬크레 30분 — **보관** 냉장 2일

난이도 ♧

파트 쉬크레(타르틀레트지)	헤이즐넛크림	무화과
밀가루 200g	화이트 드라제* 70g	무화과 20개
버터 90g	무른 버터 100g	녹인 버터 35g
슈거파우더 90g	설탕 100g	설탕 35g
아몬드가루 30g	헤이즐넛가루 100g	플뢰르 드 셀(꽃소금) 칼끝으로 조금
달걀 1개(50g)	달걀 1½개(85g)	

파트 쉬크레(타르틀레트지)
밀가루 200g
버터 90g
슈거파우더 90g
아몬드가루 30g
달걀 1개(50g)

세르클에 바를 버터

헤이즐넛크림
화이트 드라제* 70g
무른 버터 100g
설탕 100g
헤이즐넛가루 100g
달걀 1½개(85g)

* 드라제(dragee)_ 견과, 마지팬, 초콜릿 등에 설탕옷을 입힌 과자류.

무화과
무화과 20개
녹인 버터 35g
설탕 35g
플뢰르 드 셀(꽃소금) 칼끝으로 조금

장식
나파주 150g
화이트 드라제 80g

필요한 도구 지름 8㎝ 타르틀레트세르클 10개 — 브러시 1개

무화과

무화과는 소아시아가 원산지인 과일로 고대 로마시대에 지중해 연안에서 빠르게 전파되었다.
나무에서 채취한 후 보관기간이 매우 짧으며, 통통하고 과즙이 많은 것을 고르면
보관 중에 알맞게 익어서 맛있게 먹을 수 있다. 주로 디저트에 많이 쓰이며,
종종 요리에 사용하기도 한다. 말린 무화과는 몇 달 정도 보관할 수 있다.

드라제를 올린 무화과 타르틀레트

타르틀레트지

1_ 작업대에 가볍게 밀가루를 뿌리고, 파트 쉬크레(p.488~489 참조)를 3mm 두께로 밀어 편다. 그 위에 지름 8cm 타르틀레트세르클을 놓고, 세르클 지름보다 5cm 정도 크게 지름 13cm 정도의 원을 10개 자른다.

2_ 타르틀레트세르클에 버터를 바르고, 파트 쉬크레를 안쪽에 잘 붙여 넣는다(p.493 참조). 여분의 반죽은 칼로 자른다.

헤이즐넛크림

3_ 밀대로 드라제를 부순다.

4_ 볼에 무른 버터, 설탕, 헤이즐넛가루를 넣고 섞는다.

5_ 달걀을 넣고 섞은 뒤, 부순 드라제를 넣는다.

몽타주 & 장식

6_ 오븐을 170℃(불세기 5~6)로 예열한다. 숟가락으로 헤이즐넛크림을 떠서 타르틀레트지에 올리고, 숟가락 뒷면으로 평평하게 편다.

7_ 준비한 무화과 중 15개를 얇게 슬라이스하여 타르틀레트 위에 꽃모양으로 가지런히 올린다.

8_ 남은 무화과 5개는 반으로 잘라 타르틀레트 가운데에 1조각씩 얹는다.

9_ 무화과에 녹인 버터를 살짝 바르고 설탕을 뿌린 뒤, 플뢰르 드 셀을 조금 뿌린다. 오븐에 30분 구워서 차게 식힌다. 무화과 위에 브러시로 나파주를 바르고, 드라제를 부수어서 뿌리면 완성.

DESSERTS D'EXCEPTION & DE FÊTES

축제 & 연회

디저트

LE PRESTIGE CHOCOLAT,
tonka et fruits rouges

통카콩과 베리를 넣은
프레스티주 쇼콜라

8~10인분

작업 1시간 30분 — **가열** 15분 — **냉장** 10분 — **냉동** 5시간 10분

난이도 ♧♧♧

다쿠아즈 쇼콜라
밀가루 2작은술
아몬드가루 125g
슈거파우더 105g
카카오파우더 2작은술
달걀흰자 4½개(130g)
설탕 50g

베리크림
감자전분 2작은술
설탕 30g
카시스퓌레 30g
딸기퓌레 80g
라즈베리퓌레 80g

스페퀼로스 크루스티양
스페퀼로스* 80g
다크초콜릿 30g
프랄리네(가당 헤이즐넛페이스트) 20g

초콜릿 통카콩 무스
커버추어 다크초콜릿 195g
통카콩 ¾개
생크림 400㎖
달걀노른자 2½개(70g)
설탕 65g

* 스페퀼로스(spéculoos)_ 로투스처럼 시나몬과
생강향이 나는 단맛의 바삭한 과자.

글라사주
판젤라틴 3½장(7g)
물 70㎖
설탕 150g
글루코오스(포도당) 150g
붉은 색소 칼끝으로 아주 조금
카카오버터 20g
커버추어 밀크초콜릿 180g
연유 165㎖

장식
딸기
라즈베리
슈거파우더
블랙베리
레드커런트 1송이

필요한 도구 짤주머니 2개 — 12번 원형깍지 1개 — 지름 18㎝ 타르트세르클 1개 — 지름 20㎝, 높이 4.5㎝ 앙트르메세르클 1개

무스띠 1개 — 케이크받침 1개 — 조리용 온도계 1개

글라사주 미루아르

파티시에들은 앙트르메를 마무리할 때 종종 반짝거리며 빛나는 '미루아르(miroir)'를 사용한다.
초콜릿이나 색을 넣어 만드는 글라사주 미루아르는 얼린 앙트르메 위에 입힐 때
정해진 온도로 사용해야 한다. 왜냐하면 너무 뜨거우면 앙트르메가 녹아버리거나
모양이 망가지기 때문이다. 또 사용하기 전에 표면에 닿게 랩을 씌웠다가 벗겨서
공깃방울을 제거하는 것이 좋다. 그런 다음 앙트르메에 골고루 붓고
윗면과 가장자리를 스패튤러로 고르게 밀어 펴면 깔끔하고 매끈하게 완성된다.

통카콩과 베리를 넣은 프레스티주 쇼콜라

다쿠아즈 쇼콜라

1_ 오븐을 180℃(불세기 6)로 예열한다. 볼에 밀가루, 아몬드가루, 슈거파우더, 카카오파우더 등의 가루재료를 넣고 섞는다.

2_ 달걀흰자는 단단해질 때까지 휘핑하다가, 설탕을 넣고 휘핑하여 머랭을 만든다. 여기에 섞어둔 가루재료를 2번에 나누어 넣고 섞는다.

3_ 깍지를 낀 짤주머니에 반죽을 담는다. 유산지 2장에 지름 18㎝ 세르클을 놓고 각각 원을 1개씩 그린 뒤, 오븐팬 2개에 1장씩 깐다. 반죽을 원모양에 맞게 소용돌이모양으로 짜서 오븐에 15분 굽는다.

베리크림

4_ 볼에 감자전분과 설탕을 섞는다. 냄비에 카시스, 딸기, 라즈베리 등의 퓌레를 넣고 끓인다. 끓으면 감자전분과 설탕 섞은 것을 붓는다. 거품기로 계속 저으면서 끓인 뒤, 불에서 내려 상온에서 식힌다.

스페퀼로스 크루스티양

5_ 스페퀼로스를 볼에 담아 밀대로 잘게 빻는다.

6_ 초콜릿을 중탕으로 녹여서 볼에 붓고, 프랄리네와 잘게 빻은 스페퀼로스를 넣어 섞는다.

7_ 유산지에 지름 18㎝ 타르트세르클을 놓고, 초콜릿과 프랄리네를 섞은 스페퀼로스반죽을 부어 고르게 편다. 그대로 오븐팬에 올려서 10분 냉장한다.

8_ 위에 베리크림을 얹고, 고르게 펴서 10분 냉동한다.

초콜릿 통카콩 무스

9_ 초콜릿을 중탕으로 녹인 뒤, 통카콩을 갈아 넣는다.

>>>

통카콩과 베리를 넣은 프레스티주 쇼콜라

10_ 생크림은 단단해질 때까지 휘핑하여 볼륨을 올린다.

11_ 달걀노른자와 설탕을 하얗고 되직해질 때까지 휘핑한 뒤, 휘핑한 생크림에 넣고 거품기로 가볍게 섞는다.

12_ 통카콩을 넣은 초콜릿에 **11**의 크림을 ½ 넣고 거품기로 세차게 섞는다.

13_ 나머지 크림을 모두 넣고, 거품기로 조심스럽게 섞는다. 마무리는 스패튤러로 섞고, 깍지를 낀 짤주머니에 담는다.

몽타주

14_ 무스띠를 앙트르메세르클 둘레에 맞게 잘라 세르클 안쪽에 두르고, 케이크받침 위에 올린다. 짤주머니에 담아둔 초콜릿 통카콩 무스를 세르클 안쪽 가장자리에 1줄 짠다.

15_ 소용돌이모양의 다쿠아즈 쇼콜라를 가운데에 놓는다.

16_ 그 위에 초콜릿 통카콩 무스를 소용돌이모양으로 짠다.

17_ 소용돌이모양으로 짠 뒤 가장자리에 무스를 다시 1줄 더 짠다. 스패튤러로 무스를 세르클 벽면 쪽으로 밀어서 가장자리에도 골고루 채운다.

18_ 베리크림을 얹어 냉동해둔 스페퀼로스 크루스티양의 세르클을 빼고 위에 올린다.

>>>

CHEF'S TIP

무스띠가 없으면 두께가 있는 투명 비닐이나
꽃을 포장하는 투명 비닐포장지 같은 것을 사용해도 좋다.
앙트르메세르클의 높이와 둘레에 맞게 잘라서 사용하면 된다.

19_ 2번째 다쿠아즈 쇼콜라를 올린다.

20_ 나머지 초콜릿 통카콩 무스를 모두 붓고, 스패튤러로 윗면을 매끈하게 정리한다. 5시간 동안 냉동한다.

글라사주

21_ 찬물에 판젤라틴을 담가 불린다. 냄비에 물, 설탕, 글루코오스를 넣어 103℃까지 끓인다. 시럽이 완성되면 붉은 색소를 넣는다.

22_ 볼에 카카오버터, 초콜릿, 연유와 물기를 꽉 짠 판젤라틴을 넣는다. 붉은 색소를 넣은 시럽을 부으면서 실리콘스패튤러로 고르게 섞는다.

23_ 핸드블렌더로 글라사주를 골고루 섞는다. 글라사주 표면에 닿게 랩을 씌운 뒤, 상온에서 30℃로 식힌다. 나중에 랩을 벗기면 핸드블렌더로 섞을 때 생긴 표면의 공깃방울을 깔끔하게 제거할 수 있다.

글라세 & 장식

24_ 냉동한 앙트르메의 세르클을 빼내고, 무스띠도 제거한다.

25_ 접시에 앙트르메보다 작은 볼을 뒤집어놓고 그 위에 앙트르메를 올린 뒤, 가운데부터 바깥쪽으로 글라사주를 붓는다.

26_ 여분의 글라사주가 밑으로 흐르도록 그대로 둔다. 앙트르메를 들고, 흘러내리는 글라사주를 스패튤러로 긁어서 깔끔하게 정리한다.

27_ 딸기는 꼭지를 떼지 않고 반으로 자르고, 라즈베리에는 슈거파우더를 살짝 뿌린다. 레드커런트, 블랙베리와 함께 앙트르메를 장식하여 완성한다.

CUBES VANILLÉS
et pensées cristallisées
크리스탈리제 팬지
바닐라 큐브

6 개

작업 1시간 30분 + 비스퀴 조콩드 15분 — **가열** 약 8분 — **냉동** 12시간 30분 — **냉장** 12시간 — **건조** 12시간

보관 냉장 2일. 크리스탈리제 팬지는 밀폐용기에 1주일

난이도 ♢♢

크리스탈리제 팬지
설탕 100g
신선한 팬지꽃 12개
달걀흰자 1개(30g)

바닐라 비스퀴 조콩드
달걀 2개(100g)
아몬드가루 70g
카소나드(부분정제 갈색설탕) 60g
밀가루 20g
바닐라빈 ½개
녹인 버터 1 큰술
달걀흰자 2개(60g)
설탕 25g

마스카르포네무스
바닐라빈 1개
판젤라틴 1½장(3g)
마스카르포네치즈 100g
생크림 50㎖
설탕 20g
생크림 125㎖

바이올렛젤리
판젤라틴 5장(10g)
물 100㎖
설탕 50g
바이올렛 색소 칼끝으로 아주 조금
바이올렛에센스 1~2방울

화이트(아이보리)글라사주
화이트초콜릿 125g
판젤라틴 2½장(5g)
물 50㎖
글루코오스(포도당) 100g
설탕 100g
실버 글리터 2작은술
카카오버터 30g
연유 110g

무스틀에 바를 기름

필요한 도구 5×5×3㎝ 사각 무스틀 6개 — 10번 원형깍지 1개 또는 지름 1㎝ 원형커터 1개 — 17×17×3.5㎝ 사각 무스틀 1개

팬지

제과나 요리에서 장식으로 쓰이는 식용 팬지는 여러 가지 방법으로 레시피에 활용할 수 있다.
특히 팬지를 크리스탈리제(cristalliser. 설탕시럽을 재료 표면에 묻혀서 결정화시키는 것)하면
본래의 꽃 색깔을 유지하면서 디저트에 바삭한 식감을 더할 수 있다.
계절에 따라 바이올렛으로 대체하여 만들어도 좋다.

260

크리스탈리제 팬지 바닐라 큐브

크리스탈리제 팬지

1_ 접시에 설탕을 붓는다. 달걀흰자에 팬지를 담갔다 뺀 뒤, 설탕 접시에 놓고 팬지 앞뒷면에 설탕을 골고루 묻힌다. 여분의 설탕을 털어내고, 상온에서 12시간 정도 건조시킨다. 밀폐용기에 넣어 보관한다.

바닐라 비스퀴 조콩드

2_ 오븐을 200℃(불세기 6~7)로 예열한다. 바닐라빈을 넣고 파트 아 비스퀴 조콩드(p.485 참조)를 만들어 유산지를 깐 오븐팬에 붓는다.

3_ 스패튤러로 반죽을 1㎝ 두께로 고르게 펴고, 오븐에 6~8분 굽는다.

4_ 차게 식힌 뒤, 작은 무스틀로 정사각형 12개를 찍어낸다.

5_ 정사각형 비스퀴 조콩드의 각 면을 5㎜씩 칼로 자른다.

마스카르포네무스

6_ 바닐라빈을 길게 갈라서 칼로 속을 긁어내고, 판젤라틴은 찬물에 불린다. 냄비에 마스카르포네치즈, 생크림 50㎖, 긁어낸 바닐라빈 속, 설탕을 넣고 끓인다.

7_ 불에서 내리고, 물기를 꽉 짠 판젤라틴을 넣어 섞는다.

8_ 생크림 125㎖를 부드럽지만 어느 정도 단단해질 때까지 휘핑한 뒤, 미지근하게 식은 마스카르포네치즈에 ⅓을 넣고 섞는다. 휘핑한 나머지 생크림도 모두 넣고 잘 섞는다.

몽타주

9_ 6개의 무스틀에 기름을 바르고, 유산지를 깐 오븐팬에 놓는다. 각각의 틀에 정사각형으로 자른 비스퀴 조콩드를 1개씩 넣는다.

>>>

크리스탈리제 팬지 바닐라 큐브

10_ 마스카르포네무스를 1큰술씩 넣는다.

11_ 빈 공간이 생기지 않게 가장자리의 무스를 틀 벽면으로 긁어 붙인다.

12_ 비스퀴 조콩드를 1장씩 더 깔고, 무스와 잘 붙도록 살짝 누른다.

13_ 마스카르포네무스를 다시 1큰술씩 넣고, 비스퀴 조콩드가 보이지 않도록 스패튤러로 윗면을 깔끔하게 정리한다. 냉동실에 12시간 넣어두고, 남은 마스카르포네무스는 냉장고에 보관한다.

바이올렛젤리

14_ 큰 무스틀을 토치로 가볍게 달구거나, 오븐에 몇 초 넣어둔다. 무스틀 바닥에 랩을 씌우고 안쪽에 가볍게 기름을 바른다. 틀 안쪽에도 골고루 기름을 바른다.(무스틀 대신 깊이가 있는 작은 오븐팬을 이용해도 좋다)

15_ 판젤라틴은 찬물에 불린다. 물과 설탕을 끓여서 시럽이 완성되면 불에서 내리고, 바이올렛 색소와 에센스를 넣는다.

16_ 판젤라틴의 물기를 꽉 짜서 넣는다.

17_ 무스틀에 0.5cm 두께로 붓고, 12시간 냉장한다.

18_ 냉동한 마스카르포네무스와 비스퀴 조콩드로 만든 큐브를 꺼내고, 손으로 틀을 감싸 녹여서 조심스럽게 틀을 빼낸다. 큐브는 다시 30분 냉동한다.

>>>

CHEF'S TIP

만약 틀을 빼낸 뒤 큐브에서 비스퀴 조콩드가 보이면,
보이지 않게 스패튤러로 남은 마스카르포네무스를 덧발라서 다시 냉동한다.

크리스탈리제 팬지 바닐라 큐브

화이트글라사주

19_ 화이트초콜릿을 잘게 부수고, 판젤라틴은 찬물에 불린다. 물과 글루코오스를 끓여서 충분히 섞이면 설탕을 넣고, 거품기로 저어서 완전히 녹인다. 끓기 직전에 불에서 내린다.

20_ 실버 글리터를 넣고 거품기로 섞는다.

21_ 물기를 꽉 짠 판젤라틴을 넣고 거품기로 저으면서 녹인다.

22_ 카카오버터를 넣고, 완전히 녹을 때까지 섞는다.

23_ 볼에 붓고, 잘게 부순 초콜릿을 넣어 골고루 섞는다.

24_ 연유를 넣고 섞는다.

큐브 글라세

25_ 볼 위에 식힘망을 올리고, 큐브를 얹는다. 화이트글라사주는 매끄러워지도록 미지근하게 35℃ 정도로 데워서 사용한다. 큐브 위에 글라사주를 부어서 모든 면을 골고루 덮는다. 스패튤러로 큐브의 바닥을 살짝 들어서 여분의 글라사주가 밑으로 떨어지게 한 뒤, 밑면을 매끈하게 정리한다. 유산지를 깐 오븐팬에 옮겨서 냉장한다.

26_ 바이올렛젤리를 깍지로 찍어서 작은 원모양을 18개 만든다.

27_ 각각의 큐브에 젤리를 3개씩 얹고, 크리스탈리제 팬지로 장식하여 바로 서빙한다.

뷔슈 오 시트롱

10인분

작업 1시간 30분 + 머랭 10분 — **가열** 약 1시간 45분 — **냉장** 2시간 — **보관** 냉장 2일

난이도 ♧♧

장식용 머랭
달걀흰자 1½개(50g)
설탕 50g
체에 친 슈거파우더 50g
제스트용 레몬 ¼개

레몬크림
판젤라틴 1장(2g)
달걀노른자 5개(100g)
달걀 1개(50g)
설탕 50g
레몬즙 110㎖
제스트용 레몬 1개
생크림 250㎖

레몬 비스퀴
┌ 버터 170g
│ 달걀 3개(150g)
│ 설탕 165g
│ 제스트용 레몬 1개
│ 레몬즙 50㎖
│ 밀가루 170g
└ 베이킹파우더 ½작은술
초콜릿스프레드 200g

레몬시럽
물 100㎖
설탕 100g
레몬즙 30㎖

장식
카카오파우더

필요한 도구 짤주머니 2개 — 8번 원형깍지 1개 — 35×7cm 뷔슈틀 1개 — 별모양커터 1개 — 직사각형 케이크받침 1개 — 브러시 1개

머랭 장식

프렌치머랭, 이탈리안머랭, 스위스머랭 중 가장 간단하게 만들 수 있는 것이 프렌치머랭이다.
작은 뿔이나 막대모양, 또는 원하는 모양의 커터로 찍어서 다양하게 만들어두면
앙트르메를 장식할 때 유용하다. 디저트를 마무리하기에 가장 좋은 가니시이다.

장식용 머랭

1_ 오븐을 110℃(불세기 3~4)로 예열하고, 오븐팬에 유산지를 깐다. 프렌치머랭(p.486 참조)을 만들어서, 레몬제스트를 갈아 넣는다.

2_ 깍지를 낀 짤주머니에 머랭을 담고, 오븐팬이 ½ 정도 찰 때까지 계속해서 길게 1줄씩 짠다.

3_ 오븐팬의 나머지 절반에는 머랭을 한 덩어리 짜서 두께가 3㎜ 정도 되도록 스패튤러로 얇고 매끈하게 밀어 편다. 별모양커터로 찍어서 오븐에 1시간 15분 굽는다.

레몬크림

4_ 판젤라틴을 찬물에 불린다. 볼에 달걀노른자, 달걀, 설탕을 담아 휘핑한 뒤, 레몬즙을 넣고 섞는다. 냄비에 붓고, 레몬제스트를 갈아 넣는다. 끓을 때까지 거품기로 저으면서 가열한다.

5_ 냄비를 불에서 내리고, 물기를 꽉 짠 판젤라틴을 넣어 섞는다. 1시간 냉장한다.

6_ 생크림을 거품기 끝에 단단한 뿔모양이 만들어질 때까지 휘핑한다. 레몬즙과 제스트를 넣고 만들어서 냉장해둔 크림을 꺼내 거품기로 매끄럽게 풀고, 휘핑한 생크림을 넣어 조심스럽게 섞는다. 깍지를 낀 짤주머니에 담아둔다.

레몬시럽

7_ 물, 설탕, 레몬즙을 냄비에 넣고 끓인다. 끓으면 불에서 내려 차게 식힌다.

레몬 비스퀴

8_ 오븐을 180℃(불세기 6)로 예열하고, 냄비에 버터를 녹인다. 볼에 달걀, 설탕과 함께 레몬제스트를 갈아 넣고, 하얗고 되직해질 때까지 휘핑한다. 레몬즙을 넣고, 계속해서 밀가루와 베이킹파우더를 넣어 잘 섞는다.

9_ 녹여서 미지근하게 식힌 버터를 넣는다.

>>>

뷔슈 오 시트롱

10_ 뷔슈틀 크기에 맞게 유산지를 잘라서 깐 뒤, 레몬 비스퀴 반죽을 붓고 오븐에 25~30분 구워서 차게 식힌다.

몽타주 & 장식

11_ 비스퀴를 틀에서 빼고, 유산지를 벗긴다. 가로로 길게 2등분한 뒤, 2개의 레몬 비스퀴에 브러시로 레몬시럽을 골고루 바른다.

12_ 케이크받침 위에 레몬크림을 길게 1줄 짠 뒤, 비스퀴의 갈라진 윗면이 크림에 닿게 올린다.

13_ 비스퀴 위에 스패튤러로 초콜릿스프레드를 골고루 바른다.

14_ 레몬크림을 짜서 덮는다.

15_ 나머지 레몬 비스퀴 1개를 올린다. 그 위에 레몬시럽을 바르고, 레몬크림을 뷔슈 길이만큼 길게 1줄씩 짜서 위와 양 끝을 완전히 덮는다. 장식용 머랭을 붙이기 쉽도록 윗면에 3방울을 짜서 마무리한다.

16_ 막대모양의 장식용 머랭을 부러뜨려서 뷔슈의 겉면을 장식한다.

17_ 작은 볼에 카카오파우더를 담고, 브러시에 묻혀서 뷔슈 위에 뿌린다.

18_ 별모양 머랭을 올려 장식한다. 최소 1시간 이상 냉장해서 서빙한다.

크루스티 쇼크

12 인분

작업 1시간 30분 — **가열** 20분 — **냉장** 30분 — **보관** 냉장 2일

난이도 ♧♧♧

아몬드 다쿠아즈
아몬드가루 50g
슈거파우더 40g
밀가루 1½작은술
달걀흰자 2개(60g)
설탕 30g

프랄리네 크루스티양
프랄리네(가당 헤이즐넛페이스트) 150g
화이트초콜릿 50g
파이테 푀유틴* 130g

초콜릿무스
카카오 70% 다크초콜릿 150g
물 200㎖
설탕 35g
달걀노른자 2개(40g)
생크림 250㎖

가나슈글라사주
카카오 70% 다크초콜릿 25g
생크림 25㎖
설탕 2작은술
물 2작은술

장식
무가당 카카오파우더 30g
금박(선택)

*파이테 푀유틴(pailleté feuilletine)_
구운 크레페 조각을 잘게 부순 것.

필요한 도구 짤주머니 2개 — 12번 원형깍지 1개 — 코르네(cornet, 유산지로 만든 원뿔모양의 작은 짤주머니) 1개 — 조리용 온도계 1개

파트 아 봉브

진하고 부드러운 초콜릿무스의 베이스가 되는 '파트 아 봉브(Pâte à bombe)'를 만드는 방법은 먼저 설탕과 물을 118~120℃로 끓인다. 이것을 달걀노른자에 부으면서 전체가 차가워질 때까지 휘핑하면 완성. 초콜릿무스의 성공 여부가 파트 아 봉브에 달려 있다고 해도 과언이 아니다. 또한 만드는 과정에서 달걀을 뜨거운 시럽으로 살균하기 때문에 디저트를 오래 보관하는 데도 도움이 된다.

아몬드 다쿠아즈

1_ 오븐을 200℃(불세기 6~7)로 예열한다. 오븐팬 2개에 각각 유산지를 깔고, 15×20㎝ 직사각형을 1개씩 그린다. 볼에 아몬드가루 슈거파우더, 밀가루를 담는다. 달걀흰자는 단단해질 때까지 휘핑하다가 설탕을 넣고 머랭을 만든다.

2_ 아몬드가루, 슈거파우더, 밀가루를 섞은 가루재료의 ½을 머랭에 넣고 스패튤러로 섞는다. 볼 가운데부터 시작하여 바깥쪽으로 천천히 뒤집듯이 섞는데, 이때 한 손으로는 볼을 조금씩 돌리면서 다른 손으로는 반죽을 접듯이 가루재료와 머랭을 잘 섞는다. 남은 가루재료를 모두 넣고 섞는다.

3_ 이 반죽을 깍지를 낀 짤주머니에 담고, 첫 번째 유산지에 그려놓은 직사각형에 맞춰 차례로 길게 1줄씩 짠다. 오븐에 20분 구운 뒤, 꺼내서 차게 식힌다.

프랄리네 크루스티양

4_ 프랄리네를 볼에 담는다. 화이트초콜릿을 중탕하여 녹인 뒤, 프랄리네에 부어 섞는다.

5_ 파이테 푀유틴을 넣고 섞어서 프랄리네 크루스티양을 만든다.

6_ 두 번째 유산지에 그려놓은 직사각형에 맞춰 프랄리네 크루스티양을 숟가락으로 떠놓고, 숟가락 뒷부분으로 눌러서 평평하게 편다.

7_ 위에 유산지를 덮고, 밀대로 밀어 고르게 편다. 두께 1㎝, 크기 15×20㎝ 이상으로 만들어서 10분 냉장한다.

초콜릿무스

8_ 초콜릿을 중탕하여 녹인 뒤, 볼에 붓고 미지근하게 식힌다. 냄비에 물과 설탕을 넣고 조리용 온도계로 118℃가 될 때까지 끓인다. 달걀노른자를 볼에 넣고, 뜨거운 시럽을 부으면서 휘핑한다. 하얗고 되직하며 차가운 반죽이 될 때까지 계속 휘핑하여 파트 아 봉브를 만든다.

9_ 생크림은 부드럽지만 어느 정도 단단해질 때까지 휘핑한 뒤, 파트 아 봉브에 넣고 거품기를 이용하여 최소한으로 섞는다.

10_ 녹여서 미지근하게 식힌 초콜릿에 생크림을 넣은 파트 아 봉브를 ½만 붓고 잘 섞은 뒤, 나머지를 모두 넣고 섞어서 깍지를 낀 짤주머니에 담는다.

몽타주

11_ 구운 아몬드 다쿠아즈가 15×20㎝ 직사각형이 되도록 칼로 가장자리를 자른다.

12_ 자른 아몬드 다쿠아즈를 프랄리네 크루스티양 위에 얹고, 칼로 똑같은 크기로 자른다.

13_ 먼저 다쿠아즈를 놓고 크루스티양을 얹은 뒤, 위에 초콜릿무스를 다양한 크기의 원모양으로 짠다.

14_ 뜨거운 물에 담갔다 뺀 숟가락으로 짜놓은 무스 중 커다란 원 몇 개의 윗면을 조금 눌러서 오목하게 만든다. 20분 냉장한다.

가나슈글라사주

15_ 초콜릿을 부수어 볼에 담는다. 냄비에 물, 설탕, 생크림을 넣고, 거품기로 섞어서 불에 올린다. 끓으면 부순 초콜릿에 붓고, 거품기로 골고루 잘 섞어서 코르네에 담는다.

장식

16_ 앙트르메에 카카오파우더를 뿌린다.

17_ 윗면을 오목하게 만든 초콜릿무스에 가나슈글라사주를 짜 넣는다.

18_ 기호에 따라 금박을 얹어 장식해도 좋다.

CROUSTILLANT
orange-praliné

오렌지 프랄리네
크루스티양

8 인분

작업 1시간 30분 + 크렘 파티시에 15분 — **가열** 1시간 35분 — **냉동** 30분 — **보관** 냉장 3일

난이도 ♧♧

말린 오렌지
오렌지 1개
설탕

헤이즐넛 마카로나드
슈거파우더 190g
헤이즐넛가루 80g
아몬드가루 40g
달걀흰자 3개(90g)
설탕 25g

오렌지 튀일
슈거파우더 120g
오렌지즙 50㎖
제스트용 오렌지 2개
밀가루 30g
녹인 버터 40g
슬라이스 아몬드 60g

프랄리네 오렌지 크림
크렘 파티시에
우유 250㎖
제스트용 오렌지 1개
달걀노른자 1½개(30g)
설탕 60g
달걀 1개(50g)
옥수수전분 30g
프랄리네(가당 헤이즐넛페이스트) 140g
무른 버터 130g

프랄리네 오렌지 크루스티양
그랑마르니에* 1작은술에 절인
오렌지콩피 40g
오렌지 튀일 150g
밀크초콜릿 50g
프랄리네 70g

초콜릿 글라사주
카카오 70% 다크초콜릿 95g
파트 아 글라세 브륀(갈색 코팅용 초콜릿) 60g
생크림 60㎖
물 60㎖
글루코오스(포도당) 30g
설탕 60g

*그랑마르니에(Grand Marnier)_
코냑 베이스의 오렌지향 리큐어.

필요한 도구 케이크받침 1개 — 실리콘매트 1개 — 짤주머니 1개 — 12번 원형깍지 1개 — 지름 20㎝ 앙트르메세르클 1개

오렌지

오렌지는 중국이 원산지로 15세기 무렵 유럽에 전해졌다. 이 시기에는 오렌지가
매우 귀했기 때문에 부의 상징으로 여겨져 축제 때 테이블을 장식하거나
크리스마스에 아이들에게 나눠주었다. 요즈음에는 흔한 과일 중 하나로
보통 샐러드에 넣어 먹거나 즙을 짜서 먹고, 잼이나 젤리 또는 시럽 등으로 만들어 먹는다.
프랑스에서 가장 많이 먹는 과일 중 하나이다.

오렌지 프랄리네 크루스티앙

말린 오렌지

1_ 오븐을 110℃(불세기 3~4)로 예열한다. 오렌지를 반으로 잘라 얇게 슬라이스한다. 실리콘매트를 깐 오븐팬에 슬라이스한 오렌지를 놓고, 설탕을 뿌린다. 오븐에 1시간 구운 뒤, 건조한 곳에 보관한다.

헤이즐넛 마카로나드

2_ 오븐온도를 180℃(불세기 6)로 올린다. 슈거파우더, 헤이즐넛가루, 아몬드가루 등의 가루재료를 볼에 담는다. 달걀흰자는 단단해질 때까지 휘핑하다가, 설탕을 넣고 머랭을 만든다. 스패튤러로 가루재료와 머랭을 섞고, 깍지를 낀 짤주머니에 담는다.

3_ 유산지 2장에 지름 20cm 세르클을 놓고 각각 원을 1개씩 그린 뒤, 오븐팬 2개에 1장씩 깐다. 그려놓은 2개의 원을 따라 반죽을 짜서 오븐에 20분 굽는다.

오렌지 튀일

4_ 오븐온도를 160℃(불세기 5~6)로 낮춘다. 슈거파우더와 오렌지즙을 섞고, 오렌지제스트를 갈아 넣는다. 밀가루를 넣어 섞고, 녹인 버터도 넣어 거품기로 섞는다. 계속해서 슬라이스 아몬드를 넣고 스패튤러로 섞는다.

5_ 반죽을 실리콘매트를 깐 오븐팬에 펼쳐놓고, 오븐에 15분 굽는다. 차게 식혀서 큰 조각으로 부순다.

프랄리네 오렌지 크림

6_ 크렘 파티시에(p.480 참조)를 만들면서 우유에 오렌지제스트를 넣고 끓인다. 크림이 다 만들어지면 프랄리네를 넣고 섞어서 차게 식힌다.

7_ 버터를 포마드 상태가 될 때까지 휘저어 오렌지제스트와 프랄리네를 섞은 크렘 파티시에에 넣고 세차게 섞는다.

프랄리네 오렌지 크루스티앙

8_ 오렌지 튀일 150g을 볼에 넣고 밀대로 잘게 부순다.

9_ 초콜릿을 중탕하여 녹인 뒤, 프랄리네와 섞는다. 부순 오렌지 튀일과 물기를 뺀 오렌지콩피를 넣고 섞는다.

>>>

오렌지 프랄리네 크루스티양

몽타주

10_ 작업대에 마카로나드를 놓고, 그 위에 프랄리네 오렌지 크루스티양을 얹어 고르게 편다.

11_ 세르클 안쪽 벽면에 프랄리네 오렌지 크림을 골고루 바른다.

12_ 마카로나드와 프랄리네 오렌지 크루스티양을 겹쳐놓은 위에 세르클을 씌운다.

13_ 세르클 안쪽에 프랄리네 오렌지 크림을 넣고, 스패튤러로 크림을 벽면으로 밀어 올려 가장자리에도 크림을 골고루 채운다.

14_ 나머지 마카로나드를 넣고, 프랄리네 오렌지 크림을 위까지 가득 채운다. 스패튤러로 윗면을 매끈하게 정리한 뒤, 30분 냉동한다.

초콜릿글라사주 & 장식

15_ 초콜릿을 잘게 부수어 파트 아 글라세 브룅과 함께 볼에 담는다. 냄비에 물, 설탕, 글루코오스, 생크림을 넣고 끓여서 파트 아 글라세 브룅과 섞어둔 초콜릿에 붓고 잘 섞는다. 표면에 닿게 랩을 씌워서 미지근하게 식힌다.

16_ 작업대에 랩을 씌우고 식힘망을 올린 뒤, 앙트르메를 얹는다. 글라사주에 씌운 랩을 벗겨서 공깃방울을 제거하고, 글라사주를 앙트르메에 고르게 씌우기 위해 가장자리부터 중심 쪽으로 한 번에 붓는다.

17_ 스패튤러로 윗면을 밀어 말끔하게 정리한 뒤, 앙트르메를 들어 케이크받침 위로 옮긴다.

18_ 앙트르메 둘레에 오렌지 튀일을 붙여 장식한다. 프랄리네 오렌지 크림을 앙트르메 위에 작게 공모양으로 3번 짜고, 그 위에 반원모양의 말린 오렌지를 1조각씩 얹어 마무리한다.

BÛCHE
nougat-mandarine
누가 만다린 뷔슈

10 인분

작업 2시간 — **가열** 30분 — **냉장** 30분 — **냉동** 12시간 — **보관** 냉장 2일

난이도 ♧♧

만다린마멀레이드	누가크림	크루스티 누가
만다린 3개	판젤라틴 1½장(3g)	커버추어 화이트초콜릿 50g
물 50㎖	크렘 파티시에	누가페이스트 50g
설탕 75g	생크림 150㎖	
그랑마르니에* 1작은술	우유 75㎖	장식
	달걀노른자 2개(50g)	나파주 150g
아몬드 비스퀴	설탕 50g	슈거파우더
무른 버터 50g	옥수수전분 25g	커버추어 화이트초콜릿 100g
설탕 65g	누가페이스트 50g	카카오파우더
고운 소금 1꼬집	버터 50g	
달걀 2개(100g)	생크림 150㎖	*그랑마르니에(Grand Marnier)_
아몬드가루 100g		코냑 베이스의 오렌지향 리큐어.
달걀흰자 2개(50g)		
설탕 1작은술		
슬라이스 아몬드 1큰술		

필요한 도구 조리용 온도계 1개 — 22×12㎝ 뷔슈 실리콘몰드 1개 — 20×26㎝ 깊은 오븐팬 1개 — 브러시 1개

만다린일까? 클레멘타인일까?

색깔도 오렌지색으로 같고 모양도 거의 비슷한 만다린(귤)과 클레멘타인을 구별하기는 어렵다.
만다린은 중국이 원산지로, 클레멘타인보다 조금 더 크고 껍질이 잘 벗겨지며 씨가 많다.
클레멘타인은 만다린보다 작으며, 쓴 오렌지(잡종)와 만다린을 교배시킨 혼합종으로
20세기에 처음 재배되기 시작하였다. 프랑스에서는 클레멘타인이 만다린보다 더 많이 소비된다.

누가 만다린 뷔슈

만다린마멀레이드

1_ 만다린은 껍질을 벗기고 작게 썬다. 냄비에 물과 설탕을 넣고, 110℃가 될 때까지 끓여서 시럽을 만든다. 만다린을 넣고 약불로 20분 동안 졸인 뒤, 불을 끄고 그랑마르니에를 넣는다.

아몬드 비스퀴

2_ 오븐을 180℃(불세기 6)로 예열한다. 무른 버터, 설탕, 소금을 섞고, 달걀과 아몬드가루를 넣어 섞는다.

3_ 달걀흰자를 거품기 끝에 단단한 뿔모양이 만들어질 때까지 휘핑하다가, 설탕을 넣고 머랭을 만들어 **2**와 섞는다.

4_ 깊은 오븐팬에 유산지를 깔고, 반죽을 2㎝ 두께로 편다. 위에 슬라이스 아몬드를 뿌리고, 오븐에 30분 굽는다.

누가크림

5_ 판젤라틴은 찬물에 불린다. 크렘 파티시에(p.480 참조)를 만들고, 뜨거울 때 누가페이스트와 버터를 넣어 섞는다. 물기를 짠 판젤라틴을 넣어 거품기로 섞고, 20분 냉장한다.

6_ 누가페이스트와 버터를 넣고 섞어서 냉장해둔 크렘 파티시에를 꺼내 거품기로 매끄럽게 푼다. 생크림을 거품기 끝에 단단한 뿔모양이 만들어질 때까지 휘핑한 뒤, ⅓을 넣고 잘 섞는다. 휘핑한 나머지 생크림을 넣고 스패튤러로 섞는다.

크루스티 누가

7_ 화이트초콜릿을 중탕하여 녹이고, 누가페이스트를 넣어 섞는다.

몽타주

8_ 아몬드 비스퀴를 길이 25㎝ 띠모양으로 3개 자르는데, 너비는 각각 9㎝, 6㎝, 4㎝로 맞춘다.

9_ 9×25㎝ 크기의 아몬드 비스퀴에 크루스티 누가를 한 층 올리고, 10분 냉장한다

>>>

10_ 뷔슈몰드 바닥에 4×25㎝ 아몬드 비스퀴를 놓는다.

11_ 스패튤러로 아몬드 비스퀴에 누가크림을 펴 바르고, 몰드 옆면에도 골고루 펴 바른다.

12_ 6×25㎝ 아몬드 비스퀴를 올린다.

13_ 만다린마멀레이드를 올린다.

14_ 남은 누가크림을 모두 올리고, 스패튤러로 매끄럽게 편다.

15_ 크루스티 누가를 올린 9×25㎝ 아몬드 비스퀴를 그 위에 올린다. 이때 크루스티 누가를 바른 면이 아래로 가게 올린다. 12시간 냉동한다.

장식

16_ 뷔슈몰드를 빼내고 브러시로 윗면에 나파주를 바른 뒤, 슈거파우더를 체에 쳐서 뿌린다.

17_ 화이트초콜릿을 템퍼링(p.494~495 참조)하여 차가운 작업대에 붓고 밀어 편 뒤, 스패튤러로 긁어서 대팻밥모양의 코포초콜릿을 크게 만든다.

18_ 코포초콜릿에 카카오파우더를 뿌리고, 뷔슈 위에 장식한다.

DÔMES COCO
et mangue

코코넛 망고 돔

돔 6개

작업 2시간 + 스위스머랭 15분 + 비스퀴 조콩드 15분 + 크렘 앙글레즈 15분 + 파트 쉬크레 15분

가열 약 1시간 20분 — **냉장** 12시간 30분 — **냉동** 12시간

난이도 ✿✿✿

코코넛 바토네
달걀흰자 3개(90g)

설탕 180g

코코넛가루

비스퀴 조콩드
달걀 2개(100g)

아몬드가루 70g

슈거파우더 60g

밀가루 20g

바닐라빈 ½개

녹인 버터 1큰술

달걀흰자 2개(60g)

설탕 25g

코코넛 바바루아
판젤라틴 2장(4g)

코코넛 크렘 앙글레즈

바닐라빈 1개

코코넛크림 170㎖

달걀노른자 3개(60g)

카소나드(부분정제 갈색설탕) 45g

생크림 170㎖

망고 조각
망고 ½개

코코넛 파트 쉬크레
아몬드가루 ½큰술

코코넛가루 ½큰술

버터 60g

소금 1꼬집

슈거파우더 35g

바닐라빈 ½개

달걀 ½개(25g)

밀가루 100g

화이트(아이보리)글라사주
화이트초콜릿 125g

판젤라틴 2½개(5g)

물 50㎖

글루코오스(포도당) 100g

설탕 100g

실버 글리터 2작은술

카카오버터 30g

연유 110g

장식
은박(선택)

필요한 도구 짤주머니 1개 — 8번 원형깍지 1개 — 지름 6㎝ 원형커터 1개 — 지름 4.5㎝ 원형커터 1개 — 1구 지름 7㎝ 반구형몰드 1개

화이트(아이보리)글라사주
글라사주로 마무리한 고급스러운 디저트는 먹는 사람을 즐겁게 한다.

특히. 아이보리글라사주는 열대과일인 코코넛이나 망고와 조화를 이루어 아주 우아한 느낌을 준다.

매끈하고 반짝거리는 완벽한 마무리를 위해 다음 레시피를 잘 따라해보자.

코코넛 망고 돔

코코넛 바토네

1_ 오븐을 90℃(불세기 3)로 예열한다. 스위스머랭(p.487 참조)을 만들어 깍지를 낀 짤주머니에 담는다.

2_ 머랭을 유산지를 깐 오븐팬에 긴 막대모양으로 짠다.

3_ 코코넛가루를 뿌리고, 오븐에 1시간 굽는다.

비스퀴 조콩드

4_ 오븐온도를 200℃(불세기 6~7)로 올린다. 파트 아 비스퀴 조콩드(p.485 참조)를 만들어 유산지를 깐 오븐팬에 붓는다.

5_ 스패튤러로 1cm 두께가 되도록 고르게 편 뒤, 오븐에 6~8분 굽는다.

6_ 차게 식으면 지름 6cm, 4.5cm 원형커터로 비스퀴를 각각 6개씩 찍어낸다.

코코넛 바바루아

7_ 판젤라틴을 찬물에 불린다. 코코넛 크렘 앙글레즈(p.481 참조)를 만드는데, 우유 대신 코코넛 크림을 사용한다. 완성된 크림은 냄비에서 바로 볼에 옮겨 담는다.

8_ 판젤라틴의 물기를 꽉 짜서 뜨거운 코코넛 크렘 앙글레즈에 넣고 섞는다. 크림이 어느 정도 되직해질 때까지 냉장하는데, 완전히 굳지 않도록 주의한다.

9_ 생크림은 부드럽지만 어느 정도 단단해질 때까지 휘핑한다. 30분 냉장한 뒤, 코코넛 크렘 앙글레즈에 ⅓을 넣고 힘차게 휘핑하여 고르게 섞는다. 나머지 휘핑한 생크림을 모두 넣고 조심스럽게 섞는다.

>>>

코코넛 망고 돔

몽타주 & 장식

10_ 망고는 껍질을 벗기고, 5㎜ 크기로 깍둑썰기한다.

11_ 반구형몰드에 기름을 바른다. 코코넛 바바루아를 2숟가락씩 담고, 숟가락으로 몰드 벽면까지 몰드가 보이지 않게 펴 바른다.

12_ 지름 4.5㎝ 작은 비스퀴 조콩드를 위에 올린다.

13_ 깍둑썰기한 망고를 1작은술 넣는다.

14_ 코코넛 바바루아를 담는데, 이때 큰 비스퀴 조콩드가 들어갈 수 있도록 맨 위에 0.5㎝를 남겨 둔다.

15_ 지름 6㎝ 큰 비스퀴 조콩드를 올린다.

16_ 코코넛 바바루아를 1숟가락씩 얹은 뒤, 스패튤러로 매끈하고 고르게 편다. 돔이 단단하게 고 정될 때까지 12시간 냉동한다.

코코넛 파트 쉬크레

17_ 아몬드가루와 코코넛가루를 섞어서 파트 쉬크레(p.488~489 참조)를 만든다. 랩을 씌워 12시 간 냉장한다.

18_ 오븐을 150℃(불세기 5)로 예열한다. 파트 쉬크레를 4㎜ 두께로 밀어 편 뒤, 지름 6㎝ 원형커 터로 6개 찍어낸다. 실리콘매트를 깐 오븐팬에 파트 쉬크레를 올리고, 오븐에 15분 굽는다. 식힘 망에 올려 차게 식힌다.

>>>

CHEF'S TIP

망고는 씨에 과육이 단단하게 붙어 있기 때문에 과육을 발라내기가 매우 어렵다.
먼저 망고 씨에 최대한 가깝게 세로로 망고를 자른 뒤, 2조각 모두 필러로 껍질을 벗긴다.
이때 과육이 단단하면 좀 더 쉽게 자를 수 있다.

코코넛 망고 돔

화이트글라사주

19_ 화이트초콜릿을 잘게 부수고, 판젤라틴은 찬물에 불린다. 물과 글루코오스를 끓여서 잘 섞이면 설탕을 넣고, 거품기로 저어서 완전히 녹인다. 끓기 직전에 불에서 내린다.

20_ 실버 글리터를 넣고 거품기로 잘 섞는다.

21_ 판젤라틴의 물기를 꽉 짜서 넣고 거품기로 섞는다.

22_ 카카오버터를 넣고 완전히 녹을 때까지 잘 섞는다.

23_ 볼에 옮겨 담고, 잘게 부순 화이트초콜릿을 넣어 골고루 잘 섞는다.

24_ 연유를 넣고 섞는다.

돔 글라세

25_ 돔 몰드를 벗기고, 원형커터로 찍어낸 파트 쉬크레 위에 1개씩 올린다.

26_ 떨어지는 글라사주를 충분히 받을 수 있을 만큼 큰 볼에 식힘망을 올리고, 돔을 위에 놓는다. 글라사주가 매끄러워질 때까지 35℃ 정도로 미지근하게 데운 뒤, 돔 전체에 골고루 묻게 붓는다. 스패튤러로 돔 바닥을 살짝 들어서 여분의 글라사주가 아래로 흐르게 한 뒤, 돔 바닥을 매끈하게 정리한다.

27_ 먹기 전까지 냉장보관하고, 은박과 코코넛 바토네를 올려서 서빙한다.

CHEF'S TIP

글라사주의 질감도 중요하지만, 돔이 완전히 차갑게 굳고 단단한 상태여야 완벽하게 글라세할 수 있다.

DÔMES FONDANTS
chocolat et cassis

카시스 쇼콜라 돔

돔 12 개

작업 2시간 + 파트 쉬크레 15분 — **가열** 약 30분 — **냉장** 파트 쉬크레 30분 — **냉동** 3시간 10분 — **보관** 냉장 2일

난이도 ⚜ ⚜ ⚜

미-퀴 쇼콜라	카시스쿨리	파트 쉬크레
달걀 1½개(80g)	판젤라틴 1½장(3g)	버터 50g
설탕 65g	카시스퓌레 140g	아몬드가루 1큰술
다크초콜릿 70g	설탕 1큰술	슈거파우더 50g
버터 55g		밀가루 100g
크렘 드 카시스(카시스 리큐어) 1작은술	**카시스시럽**	달걀 ½개(25g)
감자전분 1작은술	카시스퓌레 50g	
	물 40㎖	**글라사주**
사부아 비스퀴	설탕 50g	판젤라틴 4½장(9g)
헤이즐넛가루 20g	크렘 드 카시스 2작은술	물 100㎖
무가당 카카오파우더 2작은술		생크림 80㎖
베이킹파우더 1꼬집		꿀 90g
밀가루 50g	**초콜릿무스**	설탕 230g
설탕 70g	다크초콜릿 170g	카카오파우더 100g
달걀 1½개(80g)	달걀노른자 3개(60g)	
녹인 버터 65g	물 20㎖	**장식**
	설탕 60g	미니 애플 블라섬
	생크림 300㎖	

필요한 도구 17×17㎝ 사각 무스틀 1개 — 지름 6㎝ 원형커터 1개 — 지름 4㎝ 원형커터 1개 — 짤주머니 2개

1구 지름 7㎝ 반구형몰드 1개 — 지름 8㎝ 원형커터 1개

장식용 마이크로 그린과 꽃

식용꽃이나 마이크로 그린으로 디저트를 장식하면 꽃의 은은한 향기를 살린
독창적인 디저트를 만들 수 있다. 지나친 장식을 피하는 심플하고 모던한 디저트를 만들 때
사용하기 좋다. 이 레시피에서는 사과의 신맛이 있는 애플 블라섬을 사용하는데,
초콜릿과 완벽하게 어울리는 향으로 돔을 완성할 수 있다.

카시스 쇼콜라 돔

미-퀴 쇼콜라

1_ 오븐을 200℃(불세기 6~7)로 예열한다. 달걀과 설탕을 휘핑한다. 초콜릿은 녹여서 버터를 섞고, 설탕과 함께 휘핑한 달걀을 넣어 섞는다. 크렘 드 카시스와 감자전분을 넣고 섞는다.

2_ 유산지를 깐 오븐팬에 사각 무스틀을 놓는다. 반죽을 부어 고르게 편 뒤, 오븐에 5분 구워서 차게 식힌다.

사부아 비스퀴

3_ 오븐온도를 200℃로 유지한다. 헤이즐넛 가루, 카카오파우더, 베이킹파우더, 밀가루 등의 가루재료를 모두 섞는다. 볼에 설탕과 달걀을 넣고 휘핑한 뒤, 섞어놓은 가루재료를 부어 섞고 녹인 버터를 넣는다.

4_ 유산지를 깐 오븐팬에 반죽을 붓고, 22×22㎝의 정사각형으로 얇게 편다. 오븐에 8분 구워서 차게 식힌다.

5_ 식힌 비스퀴 위에 유산지를 놓고, 그대로 뒤집어서 위쪽의 유산지를 떼어낸다. 지름 6㎝ 원형커터로 원을 12개 찍어낸다.

6_ 미-퀴 쇼콜라의 유산지를 떼어낸 뒤, 새로운 유산지 위에 놓는다. 무스틀 안쪽에 칼을 넣고 가장자리를 따라 돌려서 틀을 빼낸다.

7_ 지름 4㎝ 원형커터로 원을 12개 찍어낸다.

카시스쿨리

8_ 판젤라틴을 찬물에 넣어 불린다. 냄비에 카시스퓌레와 설탕을 넣고 끓인다. 끓으면 불을 끄고, 불린 판젤라틴을 넣은 뒤, 거품기로 섞어서 냉장한다.

카시스시럽

9_ 냄비에 카시스퓌레, 물, 설탕을 넣고, 거품기로 저으면서 끓인다. 불을 끄고 크렘 드 카시스를 넣은 뒤, 볼에 담아 냉장한다.

>>>

카시스 쇼콜라 돔

초콜릿무스

10_ 초콜릿을 중탕하여 녹이고, 달걀노른자는 볼에 담아 휘핑한다. 물과 설탕을 냄비에 넣고 조리용 온도계가 118℃가 될 때까지 가열한 뒤, 휘핑하던 달걀노른자에 부으면서 하얗고 되직해질 때까지 계속 휘핑한다. 차가워질 때까지 휘핑해서 파트 아 봉브를 만든다.

11_ 생크림을 단단해질 때까지 휘핑해서 파트 아 봉브에 넣고 살짝 섞는다.

12_ 생크림을 넣은 파트 아 봉브를 초콜릿에 ⅓ 정도 붓고, 거품기로 섞는다. 계속해서 남은 파트 아 봉브를 넣고 골고루 섞어서 짤주머니에 담는다.

몽타주

13_ 짤주머니에 담은 초콜릿무스를 몰드가 ⅓ 정도 차도록 짜 넣는다.

14_ 숟가락으로 몰드 벽면까지 몰드가 보이지 않게 무스를 고르게 펴 바르고, 가운데에 한 덩어리를 짠다.

15_ 원형커터로 찍어낸 미-퀴쇼콜라를 얹는다.

16_ 미-퀴 쇼콜라 둘레에 다시 초콜릿무스를 짠다.

17_ 카시스쿨리를 매끄러워질 때까지 휘저어서 짤주머니에 담고, 끝을 자른다. 미-퀴 쇼콜라 위에 카시스쿨리를 한 층 짠다.

18_ 사부아 비스퀴를 카시스시럽에 적셔서 위에 얹는다.

CHEF'S TIP

반구형몰드가 없으면 집에 있는 것을 활용해도 좋다.
머핀틀이나 찻잔 또는 작은 볼에 랩을 씌워서 사용할 수 있다.

카시스 쇼콜라 돔

19_ 비스퀴를 살짝 눌러서, 옆으로 삐져나온 초콜릿무스를 스패튤러로 깔끔하게 정리한다. 3시간 냉동한다.

파트 쉬크레

20_ 오븐을 170℃(불세기 5~6)로 예열한다. 작업대에 밀가루를 가볍게 뿌리고, 파트 쉬크레 (p.488~489 참조)를 2㎜ 두께로 밀어 편다. 지름 8㎝ 원형커터로 원을 12개 찍어서 오븐에 15분 굽는다.

글라사주

21_ 판젤라틴을 찬물에 불린다. 냄비에 물, 생크림, 꿀을 넣고 끓인다. 설탕과 카카오파우더를 섞은 뒤, 끓는 냄비에 붓고 섞는다. 판젤라틴의 물기를 꽉 짜서 넣고, 거품기로 섞는다. 시누아에 걸러서 볼에 담는다.

22_ 글라사주 표면에 닿게 랩을 씌웠다가 벗겨서 여분의 공깃방울을 제거한다. 미지근하게 식힌다.

23_ 몰드를 뜨거운 물에 살짝 담가서 돔을 빼낸 뒤 식힘망 위에 얹는다. 그대로 10분 냉동하고, 식힘망을 깊은 오븐팬 위에 올린다.

24_ 미지근한 글라사주를 돔 위에 붓는다. 돔을 들고 스패튤러로 여분의 글라사주를 깔끔하게 제거한다.

몽타주 & 장식

25_ 사블레 위에 작은 체로 슈거파우더를 뿌린다.

26_ 돔을 사블레 위에 각각 1개씩 얹는다.

27_ 미니 애플 블라섬으로 돔을 장식한다.

ENTREMETS ALOÉ VERA
et fraises des bois

산딸기
알로에 앙트르메

10 인분

작업 1시간 30분 − **가열** 20분 − **냉장** 1시간 − **냉동** 4시간 − **보관** 냉장 2일

난이도 ♧♧

헤이즐넛 비스퀴
달걀노른자 4개(75g)
설탕 55g
달걀흰자 2½개(80g)
설탕 20g
밀가루 20g
감자전분 35g
헤이즐넛가루 1큰술
녹인 버터 15g
굵게 간 헤이즐넛 30g

알로에 크림
생크림 100㎖
판젤라틴 2장(4g)
알로에베라즙 200㎖
제스트용 레몬 ¼개

설탕 1큰술
감자전분 2작은술

알로에 시럽
물 100㎖
알로에베라즙 40㎖
설탕 80g

산딸기 무스
판젤라틴 2장(4g)
산딸기퓌레 70g
설탕 20g
레몬즙 1작은술
산딸기리큐어 1작은술
생크림 200㎖

마스카르포네 크렘 샹티이
마스카르포네치즈 40g
생크림 60㎖
슈거파우더 2작은술
노란 색소 칼끝으로 아주 조금

산딸기 글라사주
판젤라틴 5장(10g)
퐁당 150g
글루코오스(포도당) 50g
산딸기퓌레 100g
붉은 색소 칼끝으로 아주 조금

산딸기
산딸기 200g
나파주 50g

필요한 도구 지름 20㎝, 높이 6㎝ 앙트르메세르클 1개 − 지름 18㎝ 타르트세르클 1개

지름 10㎝ 타르트세르클 1개 − 짤주머니 2개 − 6번 원형깍지 1개

산딸기

산딸기는 숲속을 거닐 때, 또는 그늘진 정원 귀퉁이에서 발견할 수 있는
작고 귀여운 베리이다. 딸기보다 작지만 야생에서 채취하면 향이 진한데,
야생 산딸기는 5~10월에 수확할 수 있다. 일반 딸기모양이지만
야생 산딸기 향이 물씬 나는 '마라 드 부아 스트로베리(Mara de Bois Strawberry,
4가지 베리를 교배시켜 만든 달콤함과 새콤함이 균형을 이룬 딸기)'도 있다.

산딸기 알로에 앙트르메

헤이즐넛 비스퀴

1_ 오븐을 170℃(불세기 5~6)로 예열한다. 달걀노른자와 설탕을 하얗고 되직해질 때까지 휘핑한다. 달걀흰자는 거품기 끝에 단단한 뿔모양이 만들어질 때까지 휘핑하다가 설탕을 넣고 머랭을 만든다. 휘핑한 달걀노른자를 넣고 섞는다.

2_ 밀가루, 가루전분, 헤이즐넛가루 등의 가루재료와 녹인 버터, 굵게 간 헤이즐넛을 차례로 넣고 섞는다.

3_ 오븐팬에 유산지를 깔고, 앙트르메세르클을 놓는다. 헤이즐넛 비스퀴 반죽을 붓고, 오븐에 20분 굽는다.

알로에크림

4_ 생크림을 부드럽지만 어느 정도 단단해질 때까지 휘핑한다. 판젤라틴은 찬물에 불리고, 냄비에 알로에베라즙과 레몬제스트를 갈아 넣고 끓인다. 설탕과 감자전분을 섞어 냄비에 쏟아 넣고, 휘저으면서 끓인다. 끓으면 물기를 짠 판젤라틴을 넣고 불을 끈다. 볼에 옮겨 담아 미지근하게 식힌 뒤, 휘핑한 생크림과 섞는다.

5_ 지름 18㎝ 타르트세르클 바닥에 랩을 씌워 작업대에 놓는다. 알로에크림을 넣고, 스패튤러로 고르게 펴서 2시간 냉동한다.

알로에시럽

6_ 냄비에 물, 알로에베라즙, 설탕을 넣고 끓인다.

산딸기무스

7_ 판젤라틴을 찬물에 불린다. 산딸기퓌레, 설탕, 레몬즙을 냄비에 넣고 끓인다. 산딸기리큐어를 넣는다. 물기를 짠 판젤라틴을 넣어 섞고, 미지근하게 식힌다.

8_ 생크림을 부드럽지만 어느 정도 단단해질 때까지 휘핑한 뒤, 2번에 나누어 넣고 섞는다.

9_ 앙트르메세르클을 빼낸 헤이즐넛 비스퀴를 반으로 자른 뒤, 1개를 다른 것보다 지름이 1㎝ 정도 작게 자른다.

산딸기 알로에 앙트르메

몽타주

10_ 앙트르메세르클을 세르클 바닥에 큰 헤이즐넛 비스퀴를 넣고, 알로에시럽을 바른다. 산딸기무스를 짤주머니에 넣고, 비스퀴 가장자리에서부터 가운데 쪽으로 한 층 짠다. 세르클 벽 쪽에도 무스를 고르게 펴서 채운다.

11_ 알로에크림의 세르클을 빼고, 무스 위에 얹는다. 나머지 작은 헤이즐넛 비스퀴를 얹고, 알로에시럽을 바른다.

12_ 다시 산딸기무스를 짜 넣고 스패튤러로 매끈하게 편다. 2시간 냉동한다.

마스카르포네 크렘 샹티이

13_ 마스카르포네치즈와 생크림을 거품기 끝에 단단한 뿔모양이 만들어질 때까지 휘핑하다가, 슈거파우더를 넣고 노란 색소를 넣어 섞는다. 깍지를 낀 짤주머니에 담는다.

산딸기글라사주

14_ 판젤라틴을 찬물에 불린다. 퐁당과 글루코오스를 끓인 뒤, 산딸기퓌레와 붉은 색소를 넣는다. 물기를 짠 판젤라틴을 넣어 섞는다. 글라사주 표면에 닿게 랩을 씌우고, 미지근하게 식힌다.

몽타주 & 장식

15_ 접시에 앙트르메보다 작은 받침을 놓고, 앙트르메를 올린다. 앙트르메 위에 지름 10㎝ 세르클을 얹는다. 글라사주의 랩을 벗겨서 여분의 공깃방울을 제거하고, 앙트르메 위에 올린 세르클 바깥쪽에 산딸기글라사주를 붓는다.

16_ 산딸기를 볼에 담고, 나파주를 조금 섞는다.

17_ 앙트르메 위의 세르클 안에 나파주와 섞은 산딸기를 골고루 얹는다.

18_ 세르클을 빼고, 산딸기 주변에 마스카르포네 크렘 샹티이를 작은 방울모양으로 짠다. 크리미한 식감을 위해 1시간 정도 냉장한 뒤 서빙한다.

ENTREMETS MARRON,
chocolat et abricot

초콜릿 살구
밤 앙트르메

10 인분

작업 2시간 − **가열** 8분 − **냉장** 약 45분 − **냉동** 4시간 − **보관** 냉장 2일

난이도 ♧♧♧

밤 비스퀴
밤페이스트 50g
달걀노른자 4½개(90g)
아몬드가루 40g
설탕 25g
감자전분 20g
달걀흰자 2½개(80g)
설탕 30g
녹인 버터 1큰술
시럽에 절인 밤조각 100g

시럽
물 70㎖
설탕 60g
그랑마르니에* 2작은술

살구크림
설탕 130g
펙틴 7g
살구퓌레 400g
그랑마르니에 2작은술

밤 초콜릿 가나슈
밤페이스트 50g
생크림 190㎖
밀크초콜릿 300g

글라사주
판젤라틴 2½장(5g)
물 30㎖
설탕 110g
글루코오스(포도당) 120g
밀크초콜릿 130g
연유 120g
붉은 색소 칼끝으로 아주 조금(선택)

장식
시럽에 절인 밤조각 50g
시럽에 절인 밤 3알

*그랑마르니에(Grand Marnier)_
코냑 베이스의 오렌지향 리큐어.

필요한 도구 지름 20㎝, 높이 4.5㎝ 앙트르메세르클 1개 − 지름 18㎝ 타르트세르클 1개 − 짤주머니 1개 − 무스띠 1개

시럽에 절인 밤과 마롱글라세

시럽에 절인 밤은 통째로 또는 조각으로 밤을 주제로 한 디저트나 앙트르메에 흔히 사용하는데,
설탕시럽에 담가 보관한다. 반면에 마롱글라세(Marron Glacé)는
밤을 시럽에 7일 동안 절여서 각각 금박지에 포장한 것이다.
루이 14세 때 베르사이유 궁전에서 만들기 시작하였고,
오늘날은 한 해를 마무리하는 축제 때 많이 먹는다.

초콜릿 살구 밤 앙트르메

밤 비스퀴

1_ 오븐을 200℃(불세기 6~7)로 예열한다. 밤페이스트는 으깨면서 달걀노른자 1개와 골고루 섞는다. 남은 달걀노른자를 넣고, 아몬드가루와 설탕 25g을 넣어 섞는다. 감자전분은 부어서 섞지 않고 그대로 둔다.

2_ 달걀흰자는 휘핑하여 볼륨을 올린 뒤, 설탕 30g을 넣는다. 여기에 **1**을 ⅓만 넣고, 거품기로 섞는다. 나머지를 모두 넣고, 녹인 버터를 넣어 섞는다.

3_ 유산지를 깐 오븐팬 2개에 비스퀴 반죽을 지름 20㎝ 정도의 원모양으로 각각 붓는다. 이때 세르클을 이용하여 크기를 가늠한다. 밤조각을 뿌리고, 노르스름해질 때까지 오븐에 8분 굽는다.

시럽

4_ 물과 설탕을 끓인다. 차게 식힌 뒤, 그랑마르니에를 넣는다.

살구크림

5_ 설탕과 펙틴을 섞는다. 살구퓌레를 냄비에 담아 끓이는데, 미지근해지면 섞어둔 설탕과 펙틴을 넣고 거품기로 저으면서 끓인다. 미지근하게 식힌 뒤, 그랑마르니에를 넣는다.

6_ 타르트세르클 바닥에 랩을 씌우고, 유산지를 깐 오븐팬에 올린다. 살구크림을 붓고 1시간 냉동한다.

밤 초콜릿 가나슈

7_ 볼에 밤페이스트를 담고, 냄비에 생크림을 넣어 끓인다. 생크림이 끓으면, 밤페이스트에 ⅓ 정도 부어 잘 섞는다. 남은 크림을 모두 붓고 섞는다.

8_ 미리 부수어놓은 초콜릿을 생크림과 밤페이스트 섞은 것에 넣고, 거품기로 초콜릿이 완전히 녹을 때까지 섞는다. 45분 냉장한다.

몽타주

9_ 작업대에 비스퀴를 뒤집어 놓는다. 유산지를 떼고, 지름 20㎝ 앙트르메세르클보다 조금 작게 잘라서 시럽을 바른다.

초콜릿 살구 밤 앙트르메

10_ 지름 20㎝, 높이 4.5㎝ 세르클 크기에 맞게 무스띠를 잘라서 안쪽 벽면에 붙여 넣는다. 세르클을 케이크반침 위에 올리고, 잘라둔 비스퀴를 세르클 바닥에 놓는다.

11_ 밤 초콜릿 가나슈를 휘저어 매끄럽게 풀고, 짤주머니에 담는다. 끝을 자르고, 세르클 바닥의 비스퀴 둘레를 따라 1줄 짠다.

12_ 스패튤러로 가나슈를 세르클 벽면으로 긁어 붙인다. 다시 가나슈를 세르클 중간 높이까지 고르게 짠다.

13_ 살구크림의 세르클을 빼고 위에 올린다.

14_ 시럽을 바른 2번째 밤 비스퀴를 올리고 남은 가나슈를 모두 짠 뒤, 스패튤러로 윗면을 매끈하게 정리한다. 3시간 냉동한다.

글라사주

15_ 판젤라틴을 찬물에 불린다. 물, 설탕, 글루코오스를 냄비에 담아 끓인다. 판젤라틴의 물기를 짜서 밀크초콜릿, 연유와 함께 볼에 담는다. 끓인 시럽을 붓고 매끄러워질 때까지 조심스럽게 섞는다. 색소를 넣고 글라사주 표면에 닿게 랩을 씌운 뒤, 미지근하게 식힌다.

글라세 & 장식

16_ 냉동한 앙트르메의 세르클을 빼내고, 무스띠를 벗긴다. 깊은 오븐팬 위에 식힘망을 놓고, 앙트르메를 얹는다. 글라사주의 랩을 벗겨 여분의 공깃방울을 제거한 뒤, 앙트르메 가장자리에서부터 가운데로 붓는다. 스패튤러로 윗면을 밀어 매끈하게 정리한다.

17_ 글라사주가 제대로 자리잡도록 식힘망에 올린 상태로 2분 냉장한 뒤, 스패튤러로 앙트르메를 들어 아랫부분에 흐르는 여분의 글라사주를 깔끔하게 정리한다. 케이크반침 위에 올린다.

18_ 시럽에 절인 밤조각으로 케이크 밑면의 가장자리를 장식한다. 시럽에 절인 장식용 밤 3알에 글라사주를 입혀서 위에 올리고 마무리한다.

GALETTE
des Rois

갈레트 데 루아

10 인분

작업 30분 + 파트 푀유테 2시간 40분 — **냉장** 50분 — **휴지** 45분 — **가열** 40분 — **보관** 랩에 싸서 2일

난이도 ♧♧

파트 푀유테	아몬드크림	시럽
밀가루 300g	버터 70g	물 25㎖
소금 1½작은술	설탕 70g	설탕 25g
녹인 버터 70g	아몬드가루 70g	
물 160㎖	큰 달걀 1개(60g)	*드라이버터_ 일반 버터에 비해 지방함량이 많고
드라이버터* 250g	옥수수전분 1작은술	수분은 적은 것.
	럼 1½작은술	

달걀물 1개 분량

필요한 도구 짤주머니 1개 — 10번 원형깍지 1개 — 지름 22㎝ 세르클 1개 — 지름 26㎝ 세르클 1개 — 브러시 1개

아몬드크림과 프랑지판

아몬드크림과 프랑지판은 섞어서 쓰는 일이 많은데, 특히 이 두 가지를 혼합하여 만든 디저트가 바로 '갈레트 데 루아'이다. 아몬드크림은 버터, 설탕, 달걀, 아몬드가루를 기본으로 한 반죽이다. 프랑지판은 크렘 파티시에 아몬드크림을 더한 것으로 비율은 아몬드크림 ⅔, 크렘 파티시에 ⅓ 정도이다.

갈레트 데 루아

아몬드크림

1_ 버터를 포마드 상태가 될 때까지 휘저어 풀고, 설탕을 넣어 골고루 잘 섞는다.

2_ 아몬드가루를 넣어 섞는다.

3_ 달걀, 옥수수전분, 럼을 차례로 넣어 섞고, 깍지를 낀 짤주머니에 담아 20분 냉장한다.

시럽

4_ 냄비에 물과 설탕을 넣고, 끓여서 차게 식힌다.

몽타주

5_ 파트 푀유테(p.491 참조)를 만든다.

6_ 파트 푀유테를 1.5cm 두께로 밀어 펴서 직사각형 2개를 자른다. 각각의 반죽을 랩으로 싸서 30분 냉장한다.

7_ 각각의 반죽을 2~3mm 두께로 밀어 펴서 30×30cm 정사각형을 만든다.

8_ 유산지에 반죽을 놓고, 지름 22cm 세르클로 살짝 눌러서 크기를 표시한다.

9_ 표시된 부분에 달걀물을 바른다.

>>>

CHEF'S TIP

갈레트 데 루아는 뜨겁지 않아야 가장 맛있게 먹을 수 있으며,
차갑게 서빙하기도 한다.

10_ 세르클로 표시한 안쪽에 아몬드크림을 소용돌이모양으로 짠다. 바깥쪽의 2㎝는 남겨둔다.

11_ 아몬드크림에 페브(feve. 도자기로 만든 인형)를 얹는다.

12_ 2번째 파트 푀유테를 위에 얹는다.

13_ 아몬드크림의 가장자리를 눌러서 공기를 빼고, 반죽을 잘 붙인다.

14_ 지름 26㎝ 세르클을 위에 올리고 그대로 눌러서 자른다. 아몬드크림을 짤 때 2㎝ 여분을 남겨두었기 때문에 크기가 맞는다.

15_ 칼로 가장자리에 무늬를 만든다.

16_ 갈레트를 유산지를 깐 오븐팬에 올리고, 붓으로 위에 달걀물을 골고루 바른다. 이때 무늬를 낸 부분은 바르지 않는다. 15분 휴지시킨 뒤, 달걀물을 한 번 더 바른다.

17_ 가운데에서 가장자리 쪽으로 칼을 이용하여 갈레트무늬를 그리고, 30분 휴지시킨다. 오븐을 210℃(불세기 7)로 예열하고, 노릇해질 때까지 15분 굽는다. 온도를 다시 180℃(불세기 6)로 낮추고, 25분 더 굽는다.

18_ 오븐에서 꺼내자마자 브러시로 시럽을 바른다.

OPÉRA
chocolat-pistache
초콜릿 피스타치오
오 페 라

8 인분

작업 1시간 − **가열** 20분 − **냉장** 1시간 − **보관** 냉장 2일

난이도 ♔♔

피스타치오 비스퀴 조콩드
50% 생 아몬드페이스트 90g
피스타치오페이스트 45g
달걀노른자 2½개(50g)
달걀 ½개(30g)
밀가루 20g
녹여서 미지근하게 식힌 버터 20g
달걀흰자 3개(100g)
설탕 35g

틀에 바를 버터 20g

초콜릿 가나슈
생크림 200㎖
카카오 54% 커버추어 다크초콜릿 200g
버터 20g

시트에 바를 시럽
물 150㎖
설탕 150g
키르슈(체리 증류주) 30㎖

피스타치오 크렘 샹티이
생크림 150㎖
슈거파우더 1큰술
피스타치오페이스트 20g
젤라틴가루 1작은술

장식
슈거파우더
피스타치오

필요한 도구 17×17㎝ 사각 무스틀 3개 − 짤주머니 1개 − 브러시 1개 − 8번 원형깍지 1개

프렌치 클래식 디저트, 오페라

클래식한 프렌치 파티세리 종류 중 하나인 오페라는 커피시럽을 바른
3장의 비스퀴 조콩드 사이에 커피 버터 크림과 가나슈를 채운 네모난 모양의 앙트르메이다.
일반적으로 오페라 위에 'Opéra'라는 글자를 써서 완성한다.

초콜릿 피스타치오 오페라

피스타치오 비스퀴 조콩드

1_ 오븐을 200℃(불세기 6~7)로 예열한다. 오븐팬 2개에 유산지를 깔고, 사각 무스틀 3개에 버터를 바른다. 아몬드페이스트와 피스타치오페이스트를 볼에 담고 휘저어 섞는다.

2_ 달걀노른자와 달걀 ⅓개를 넣고 잘 섞는다. 밀가루와 녹여서 미지근하게 식힌 버터도 넣어 섞는다.

3_ 달걀흰자는 단단해질 때까지 휘핑하다가, 설탕을 넣고 섞어서 머랭을 만든다.

4_ 아몬드페이스트, 피스타치오페이스트, 달걀노른자, 달걀, 밀가루, 버터 등을 섞은 것에 달걀흰자로 만든 머랭을 넣고 섞는다.

5_ 무스틀 2개를 오븐팬에 각각 놓는다. 남은 무스틀 1개는 2번째 오븐팬에 함께 놓는다. 반죽을 3개의 틀에 나누어 붓고, 스패튤러로 고르게 편다.

6_ 오븐에 오븐팬을 1개씩 넣고, 10분 정도 굽는다. 식힘망에 올려서 차게 식힌 뒤, 틀을 빼낸다.

초콜릿 가나슈

7_ 생크림을 상온에 미리 꺼내둔다. 초콜릿은 중탕하여 녹인 뒤, 생크림을 붓고 섞는다.

8_ 버터를 넣고 매끄러워질 때까지 잘 섞는다.

시럽

9_ 냄비에 물과 설탕을 넣고 끓인 뒤, 차게 식혀서 키르슈를 넣는다.

>>>

CHEF'S TIP

딸기, 라즈베리, 패션프루트 등 여러 가지 맛으로 오페라를 만들어보자.
또한 향을 낸 크렘 샹티이로 버터크림을 대체하거나,
위에 크림을 짜서 모던한 스타일로 만들어도 좋다.

몽타주

10_ 유산지 위에 깨끗이 닦은 무스틀을 놓는다. 피스타치오 비스퀴를 바닥에 깔고, 브러시로 시럽을 바른다.

11_ 초콜릿가나슈를 붓고, 스패튤러로 매끈하게 편다.

12_ 2번째 피스타치오 비스퀴를 올리고, 브러시로 시럽을 바른다.

13_ 초콜릿가나슈를 다시 한 층 붓고, 스패튤러로 매끈하게 편다.

14_ 마지막 피스타치오 비스퀴를 올린다.

피스타치오 크렘 샹티이

15_ 생크림을 슈거파우더와 함께 휘핑한 뒤, 피스타치오페이스트와 젤라틴가루를 넣고 거품기 끝에 단단한 뿔모양이 만들어질 때까지 휘핑한다. 깍지를 낀 짤주머니에 담는다.

몽타주 & 장식

16_ 무스틀을 빼내는데, 토치로 틀 겉면을 살짝 달구면 틀을 제거하기 쉽다. 피스타치오 크렘 샹티이를 앙트르메 위에 한 층 짜고, 스패튤러로 고르게 편다.

17_ 짤주머니를 앞뒤로 움직여서 피스타치오 크렘 샹티이를 다시 한 층 짠다.

18_ 1시간 정도 냉장한 뒤, 서빙하기 전 슈거파우더를 뿌리고 피스타치오를 얹어 장식한다.

TARTE CHOCOLAT
aux fruits rouges
베리 초콜릿 타르트

6~8 인분

작업 2시간 + 파트 쉬크레 15분 — **냉장** 파트 쉬크레 30분 + 타르트지 성형 후 10분 — **가열** 35분 — **냉동** 3시간 — **보관** 냉장 2일

난이도 ♧♧

파트 쉬크레(타르트지)
밀가루 150g
버터 75g
슈거파우더 75g
아몬드가루 20g
작은 달걀 1개(30g)

세르클에 바를 버터

아몬드크림
무른 버터 50g
제스트용 레몬 ¼개
설탕 40g
아몬드가루 50g
작은 달걀 1개(40g)

라즈베리 120g

베리 초콜릿 무스
카시스퓌레 30g
산딸기퓌레 50g
라즈베리퓌레 40g
설탕 2작은술
젤라틴가루 1큰술
밀크초콜릿 70g
생크림 200㎖

초콜릿글라사주
판젤라틴 2½장(5g)
카카오파우더 55g
물 40㎖
글루코오스(포도당) 50g
생크림 50㎖
설탕 110g

장식
라즈베리 250g

필요한 도구 지름 20㎝ 타르트세르클 1개 — 지름 16㎝ 플라스틱몰드 1개 — 케이크받침 1개

초콜릿글라사주

전문가들이 주로 사용하는 초콜릿글라사주는 디저트를 심플하면서 고급스럽게 완성하기에 좋다.
앙트르메나 뷔슈, 또는 그 밖의 여러 디저트의 표면을 빛나면서 매끈하게 만들어주기 때문에
거울이라는 의미로 '글라사주 미루아르(glaçage miroir)'라고도 부른다.
퐁당 같은 질감이며, 초콜릿의 그윽하고 감미로운 맛이 있다.

베리 초콜릿 타르트

타르트지

1_ 작업대에 밀가루를 가볍게 뿌리고, 파트 쉬크레(p.488~489 참조)를 3㎜ 두께로 밀어 편다. 그 위에 세르클을 놓고, 세르클 지름보다 5㎝ 정도 크게 지름 25㎝ 원을 자른다.

2_ 오븐을 180℃(불세기 6)로 예열한다. 세르클에 버터를 바르고, 안쪽에 반죽을 붙여 넣는다(p.493 참조). 유산지를 깐 오븐팬에 올려 10분 냉장한다.

3_ 타르트지를 오븐에 10분 굽는다(p.494 참조).

아몬드크림

4_ 오븐온도를 170℃(불세기 5~6)로 낮춘다. 무른 버터를 포마드 상태가 될 때까지 휘저어 푼다. 레몬제스트를 갈아 넣고 설탕, 아몬드가루를 넣어 섞고, 마지막에 달걀을 넣어 섞는다.

5_ 구운 타르트지에 아몬드크림을 붓고, 숟가락 뒷면으로 고르게 편다.

6_ 라즈베리를 크림 위에 얹고, 오븐에 25분 굽는다.

베리 초콜릿 무스

7_ 냄비에 카시스퓌레, 산딸기퓌레, 라즈베리퓌레를 넣고 가열한 뒤, 설탕과 젤라틴가루를 넣는다. 거품기로 저으면서 끓을 때까지 가열한다.

8_ 볼에 밀크초콜릿을 잘게 부수어 담고, 끓인 퓌레를 부어 고르게 섞는다. 미지근하게 식힌다.

9_ 생크림을 부드럽지만 어느 정도 단단해질 때까지 휘핑한다. 초콜릿과 퓌레를 섞은 것에 넣고 섞는다.

>>>

베리 초콜릿 타르트

몽타주

10_ 베리 초콜릿 무스를 플라스틱몰드에 가득 차게 붓는다.

11_ 스패튤러로 윗면을 매끈하고 고르게 편 뒤, 무스가 완전히 굳을 때까지 3시간 냉동한다.

12_ 남은 무스는 라즈베리를 얹어 구운 타르트 위에 펴 바른다.

초콜릿글라사주

13_ 판젤라틴을 찬물에 불리고, 물기를 꽉 짜서 카카오파우더와 함께 볼에 담는다. 물, 글루코오스, 생크림, 설탕을 냄비에 넣고 끓인다. 끓으면 카카오파우더 위에 붓는다.

14_ 매끄러워질 때까지 고르게 섞어 시누아에 1번 거르고, 글라사주 표면에 닿게 랩을 씌워서 미지근하게 식힌다.

글라세 & 장식

15_ 베리 초콜릿 무스의 몰드를 빼낸다.

16_ 작업대에 랩을 씌운다. 그릇을 하나 놓고, 그 위에 케이크반침에 올린 무스를 놓는다. 초콜릿 글라사주의 랩을 벗겨 여분의 공깃방울을 제거한 뒤, 무스 위에 한 번에 고르게 붓는다.

17_ 일자 스패튤러로 무스를 들어 타르트 위에 올린다. 여분의 글라사주는 장식을 위해 남겨둔다.

18_ 라즈베리로 무스 둘레를 장식하고, 글라사주를 코르네(cornet, 유산지로 만든 원뿔모양의 작은 짤주머니)에 담아 라즈베리 안에 짜 넣는다.

CHEF'S TIP

무스에 글라사주를 입힐 때
깊은 오븐팬 위에 식힘망을 놓고 그 위에 무스를 얹어 글라세하면,
밑으로 흐른 여분의 글라사주를 좀 더 쉽게 정리할 수 있다.

MACARONNADE
chocolat-café

초콜릿 커피
마카로나드

8 인분

작업 1시간 30분 — **냉동** 3시간 10분 — **가열** 30분

난이도 ✿✿✿

미-퀴 오 쇼콜라
큰 달걀 1개(60g)
설탕 60g
트라블리(Trablit) 커피에센스 1½작은술
카카오 55% 다크초콜릿 55g
버터 55g

커피 마카로나드
달걀흰자 2개(60g)
레몬즙 몇 방울
설탕 1큰술
트라블리 커피에센스 1½작은술
슈거파우더 120g
아몬드가루 85g

커피크림
판젤라틴 1¾장(3.5g)
생크림 80㎖
달걀 2개(40g)
설탕 40g
트라블리 커피에센스 1큰술
생크림 100㎖

글라사주
판젤라틴 1¾장(3.5g)
커버추어 화이트초콜릿60g
연유 55g
카카오버터 1큰술
물 25㎖
글루코오스(포도당) 50g
설탕 50g
트라블리 커피에센스 2작은술

커피 마스카르포네 크림
마스카르포네치즈 70g
생크림 200㎖
슈거파우더 1큰술
트라블리 커피에센스 1½작은술

장식
화이트초콜릿 20g

필요한 도구 짤주머니 2개 — 12번 원형깍지 1개 — 지름 20㎝ 타르트세르클 2개 — 케이크받침 1개 — 조리용 온도계 1개 — 생토노레깍지 1개

커피에센스

우리가 즐겨 마시는 커피는 오랫동안 여러 형태로 디저트에 사용되어왔다.
커피에센스는 소량으로도 강한 향을 내서 앙트르메에 첨가하면
초콜릿과 환상의 마리아주를 이루어 최고의 맛을 낸다.
커피의 특별한 향은 어떤 레시피에 첨가해도 미각을 살려준다.

초콜릿 커피 마카로나드

미-퀴 오 쇼콜라

1_ 오븐을 220℃(불세기 7~8)로 예열한다. 달걀, 설탕, 커피에센스를 섞는다. 초콜릿은 중탕으로 녹인 뒤, 버터를 넣고 섞는다. 2가지 반죽을 골고루 섞는다.

2_ 유산지를 깐 오븐팬에 세르클을 놓고, 반죽을 붓는다.

3_ 스패튤러로 반죽을 일정하고 고르게 펴서 오븐에 5분 굽는다. 차게 식힌 뒤 10분 냉동하면 세르클을 쉽게 뺄 수 있다.

커피 마카로나드

4_ 오븐온도를 170℃(불세기 5~6)로 낮춘다. 달걀흰자를 레몬즙과 함께 거품기 끝에 단단한 뿔모양이 만들어질 때까지 휘핑한다. 설탕과 커피에센스를 넣고 섞는다.

5_ 슈거파우더와 아몬드가루를 볼에 담아 섞고, 휘핑한 커피머랭애 2번에 나누어 넣으면서 섞는다. 이때 머랭 거품이 꺼지지 않도록 대강 빠르게 섞는다.

6_ 반죽을 깍지를 낀 짤주머니에 담는다. 유산지에 지름 22㎝ 원을 그려서 오븐팬에 깐다. 원 안에 커피 마카로나드 반죽을 소용돌이모양으로 짜서, 오븐에 25분 굽는다.

커피크림

7_ 판젤라틴을 찬물에 불린다. 커피 크렘 앙글레즈(p.481 참조)를 만드는데, 이때 우유를 생크림 80㎖로 대체한다. 달걀과 설탕이 하얗게 될 때까지 휘핑한 뒤, 커피에센스를 넣는다.

8_ 판젤라틴의 물기를 꽉 짜서 커피 크렘 앙글레즈에 넣어 섞고, 차게 식힌다.

9_ 거품기 끝에 단단한 뿔모양이 생길 때까지 생크림을 휘핑한다. 커피 크렘 앙글레즈에 휘핑한 생크림을 조금 덜어 넣어 잘 섞고, 휘핑한 나머지 생크림도 조금씩 넣어 섞는다.

>>>

초콜릿 커피 마카로나드

10_ 세르클 바닥에 랩을 씌워 케이크받침 위에 올린다. 커피크림을 붓고 3시간 정도 냉동한다.

글라사주

11_ 판젤라틴을 찬물에 불린다. 커버추어 화이트초콜릿, 연유, 카카오버터를 볼에 담는다. 물, 글루코오스, 설탕, 커피에센스를 냄비에 넣고 끓인다. 끓으면 초콜릿, 연유, 카카오버터가 담긴 볼에 붓는다.

12_ 판젤라틴의 물기를 짜서 넣고 잘 섞는다. 글라사주 표면에 직접 닿게 랩을 씌우고, 조리용 온도계가 25℃가 될 때까지 미지근하게 식힌다.

커피 마스카르포네 크림

13_ 볼에 마스카르포네치즈를 담는다. 생크림을 조금 넣고, 마스카르포네치즈가 부드럽게 풀어질 때까지 휘핑한다. 나머지 생크림을 모두 넣고 부드럽지만 어느 정도 단단해질 때까지 계속 휘핑한다. 슈거파우더와 커피에센스를 넣고, 거품기로 조심스럽게 섞는다. 생토노레깍지를 낀 짤주머니에 담는다.

몽타주 & 장식

14_ 냉동한 커피크림 위에 미-퀴 오 쇼콜라를 얹는다.

15_ 작업대에 랩을 씌우고, 식힘망을 놓는다. 겹쳐져 있는 냉동 커피크림과 미-퀴 오 쇼콜라를 뒤집어서 커피크림 바닥의 랩을 벗기고, 세르클을 빼낸다. 글라사주의 랩을 벗겨 여분의 공깃방울을 제거한 뒤, 식힘망 위의 앙트르메에 글라사주를 고르게 붓는다. 스패튤러로 윗면을 밀어 매끈하게 정리하여 여분의 글라사주가 밑으로 흐르게 한다.

16_ 커피 마카로나드 위로 빨리 옮긴다.

17_ 화이트초콜릿을 녹여 코르네(cornet, 유산지로 만든 원뿔모양의 짤주머니)에 담는다. 앙트르메 위에 가는 선모양으로 짠다.

18_ 커피 마스카르포네 크림을 커피 마카로나드가 보이는 가장자리에 짠다.

BISCUITS & PETITS GÂTEAUX

비스퀴 &

프티 가토

FINANCIERS
coco-framboises

코코넛 라즈베리 피낭시에

피낭시에 20개

작업 20분 — **가열** 15분 — **보관** 밀폐용기에 2일

난이도 ♧

피낭시에반죽	장식
버터 140g	코코넛가루 30g
슈거파우더 260g	
달걀흰자 9개(270g)	
아몬드가루 60g	
코코넛가루 40g	
꿀 20g	
밀가루 100g	
베이킹파우더 1작은술	
라즈베리 250g	

필요한 도구 짤주머니 1개 — 1구 7.5×4㎝ 피낭시에 실리콘몰드 1개

피낭시에

피낭시에는 직사각형 또는 타원형의 프티 가토이며,
아몬드의 은은한 풍미와 부드러운 식감이 특징이다. 주로 티타임에 곁들여 낸다.
일반적으로 아몬드가루, 달걀흰자, 밀가루, 설탕, 녹인 버터로 만들며,
때로는 헤이즐넛 버터를 넣어 풍미를 더하기도 한다. 간단하면서 빨리 만들 수 있고,
다양한 맛과 크기로 변화를 줄 수 있다.

코코넛 라즈베리 피낭시에

피낭시에반죽

1_ 오븐을 180℃(불세기 6)로 예열하고, 냄비에 버터를 녹인다. 슈거파우더를 볼에 담고, 달걀흰자를 넣어 거품기로 섞는다.

2_ 아몬드가루를 넣고 섞는다.

3_ 코코넛가루를 넣고 섞는다.

4_ 꿀을 넣어 섞는다.

5_ 밀가루와 베이킹파우더를 넣고 섞는다.

6_ 마지막으로 녹인 버터를 넣어 골고루 섞는다.

몽타주 & 장식

7_ 짤주머니에 반죽을 담고 끝을 자른 뒤, 피낭시에몰드의 각각의 구멍에 반죽이 ¾ 정도 차게 짠다.

8_ 반죽을 채운 구멍에 라즈베리를 2개씩 박아 넣는다.

9_ 코코넛가루를 조금 뿌리고, 노릇해질 때까지 오븐에 15분 굽는다.

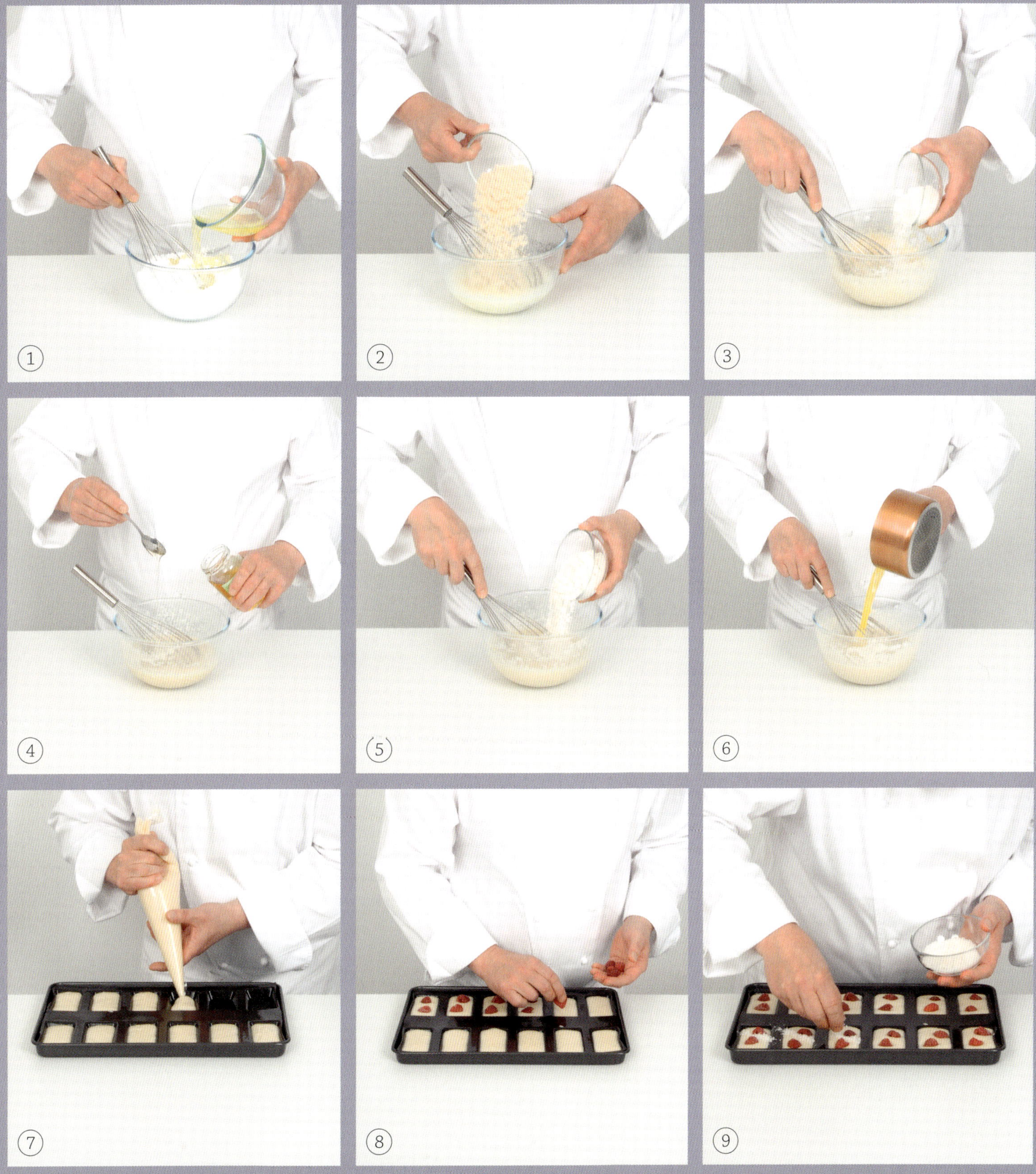

MACARONS

coco

코코넛 마카롱

마카롱 20개

작업 1시간 — **가열** 18분 — **냉장** 1시간 + 하룻밤 — **보관** 냉장 3일

난이도 🍲

마카롱 반죽	코코넛 필링
달걀흰자 4개(130g)	생크림 90㎖
설탕 60g	코코넛밀크 130㎖
갈색 색소 칼끝으로 아주 조금	생크림 1큰술
아몬드가루 180g	감자전분 1큰술
슈거파우더 320g	화이트초콜릿 95g
	말리부(코코넛럼) 2작은술
	버터 110g

필요한 도구 짤주머니 2개 — 8번 별깍지 1개

마카롱 색 내기

액체, 가루, 젤 등 다양한 형태의 색소를 이용해 마카롱 코크를 다채로운 색깔로 만들어보자.

달걀흰자를 휘핑하여 머랭을 만든 뒤, 원하는 색의 색소를 넣으면 완성.

마카롱을 처음 만들어보는 사람이라면 가루 색소를 사용하는 것이 좋다.

액체 색소는 반죽에 섞었을 때 질감이 변할 수 있기 때문이다.

코코넛 마카롱

마카롱반죽

1_ 달걀흰자를 단단해질 때까지 휘핑하다가, 설탕을 넣어 머랭을 만든다. 색소를 넣고, 반죽에 색이 고르게 날 때까지 잘 섞는다.

2_ 아몬드가루와 슈거파우더 같은 가루재료를 체에 쳐서 넣는다.

3_ 실리콘스패튤러로 반죽의 가운데서부터 시작하여 바깥쪽으로 반죽을 천천히 뒤집듯이 섞는다. 이때 한 손으로는 볼을 돌리면서, 다른 손으로는 가루재료와 머랭이 잘 섞이도록 반죽을 접듯이 마카로나주한다. 반죽이 부드러우면서 매끄럽고 윤기가 나면 완성. 깍지를 낀 짤주머니에 담는다.

4_ 유산지를 깐 오븐팬에 지름 4㎝ 정도의 작은 원모양으로 반죽을 짠다. 구울 때 서로 붙지 않도록 일정하게 간격을 둔다. 오븐팬을 바닥에 가볍게 쳐서 반죽에 남아 있는 공깃방울을 제거한 뒤, 반죽 표면이 굳도록 상온에 30분 정도 둔다. 오븐을 170℃(불세기 5~6)로 예열하고, 18분 굽는다.

코코넛필링

5_ 냄비에 생크림 90*ml*와 코코넛밀크를 넣고 끓인다. 감자전분에 생크림 1큰술을 넣어 잘 섞은 뒤, 생크림과 코코넛밀크를 끓이는 냄비에 넣는다. 거품기로 계속 저으면서 끓인다.

6_ 화이트초콜릿을 담은 볼에 모두 붓고, 말리부를 넣어 거품기로 잘 섞는다.

7_ 미지근하게 식힌 뒤, 조각으로 자른 버터를 넣는다. 핸드블렌더로 섞어서 1시간 냉장한다.

마카롱 조립

8_ 깍지를 낀 짤주머니에 코코넛필링을 담고, 전체 마카롱 코크의 ½ 분량에 작은 원모양으로 짠다.

9_ 남은 마카롱 코크로 가볍게 눌러 덮는다. 하룻밤 냉장한 뒤에 먹는다.

MACARONS MANGUE
et épices
망고 에피스 마카롱

마카롱 20개

작업 45분 — **가열** 18분 — **냉장** 1시간 + 하룻밤 — **보관** 냉장 3일

난이도 ⚜⚜

마카롱 반죽	망고 에피스 필링
달걀흰자 4개(130g)	생크림 60mℓ
설탕 60g	망고퓌레 130g
노란 색소 칼끝으로 아주 조금	카트르에피스(4가지 혼합향신료) 칼끝으로 조금
아몬드가루 180g	바닐라파우더 칼끝으로 조금
슈거파우더 320g	제스트용 라임 ¼개
	생크림 30mℓ
	감자전분 25g
	화이트초콜릿 100g
	버터 110g

필요한 도구 짤주머니 2개 — 8번 원형깍지 1개

마카로나주

매끄럽고 윤기 나는 코크를 만들기 위해서는 마카로나주(Macaronnage)가 필수이다.
아몬드가루, 설탕을 달걀흰자 머랭과 섞어 반죽의 부피를 줄이는 과정으로 기계가 아니라
손으로 섞어야 반죽의 기포가 제거되어 매끄러운 질감의 마카롱을 구울 수 있다.

망고 에피스 마카롱

마카롱반죽

1_ 달걀흰자를 단단해질 때까지 휘핑하다가, 설탕을 넣어 머랭을 만든다. 색소를 넣고 색이 고르게 날 때까지 잘 섞는다.

2_ 아몬드가루와 슈거파우더 같은 가루재료를 체에 쳐서 넣는다.

3_ 실리콘스패튤러로 반죽의 가운데서부터 시작하여 바깥쪽으로 반죽을 천천히 뒤집듯이 섞는다. 이때 한 손으로는 볼을 돌리면서, 다른 손으로는 가루재료와 머랭이 잘 섞이도록 반죽을 접듯이 마카로나주한다. 반죽이 부드러우면서 매끄럽고 윤기가 나면 완성. 깍지를 낀 짤주머니에 담는다.

4_ 유산지를 깐 오븐팬에 지름 4㎝ 정도의 작은 원모양으로 반죽을 짠다. 구울 때 서로 붙지 않도록 일정하게 간격을 둔다. 오븐팬을 바닥에 가볍게 쳐서 반죽에 남아 있는 공깃방울을 제거한 뒤, 반죽 표면이 굳도록 상온에 30분 정도 둔다. 오븐을 170℃(불세기 5~6)로 예열하고, 18분 굽는다.

망고 에피스 필링

5_ 냄비에 생크림 60㎖와 망고퓌레, 카트르에피스, 바닐라파우더, 라임제스트를 넣고 끓인다. 끓이는 냄비에 생크림 30㎖와 감자전분을 섞어서 넣고, 거품기로 계속 저으면서 끓인다.

6_ 화이트초콜릿을 담은 볼에 모두 붓고, 거품기로 섞는다.

7_ 미지근하게 식힌 뒤, 조각으로 자른 버터를 넣는다. 핸드블렌더로 섞어서 1시간 냉장한다.

마카롱 조립

8_ 깍지를 낀 짤주머니에 망고 에피스 필링을 담고, 전체 마카롱 코크의 ½ 분량에 작은 원모양으로 짠다.

9_ 남은 마카롱 코크로 가볍게 눌러 덮는다. 하룻밤 냉장한 뒤에 먹는다.

CHEF'S TIP

머랭을 안정시키기 위해서 레몬즙 몇 방울 또는 주석산을 칼 끝으로 조금 넣으면 좋다.

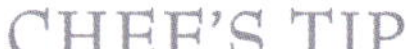

FINANCIERS
tout chocolat
진한 초콜릿 피낭시에

피낭시에 10개

작업 45분 — **가열** 10분 — **냉동** 1시간

난이도

초콜릿 피낭시에반죽

슈거파우더 130g
아몬드가루 50g
카카오파우더 20g
꿀 2작은술
달걀흰자 4½개(135g)
밀가루 30g
베이킹파우더 1꼬집
녹인 버터 70g

초콜릿가나슈

카카오 70% 다크초콜릿 150g
생크림 150㎖

코팅

파트 아 글라세 브륀(갈색 코팅용 초콜릿) 300g

필요한 도구 짤주머니 2개 — 1구 7.5×4㎝ 피낭시에 실리콘몰드 1개 — 코르네(cornet, 유산지로 만든 원뿔모양의 작은 짤주머니) 1개

코르네를 이용한 장식

여러 가지 크기의 가토를 우아하고 심플하게 장식하고 싶다면
녹인 초콜릿 또는 가나슈로 마무리해보자. 코르네를 만들어 초콜릿을 담고,
가토 위에 줄무늬, 알파벳 등 원하는 모양을 자유롭게 그린다.
또한 가토에 파트 아 글라세나 템퍼링한 초콜릿을 부어 한 겹 씌운 뒤,
코르네를 이용하여 장식을 그리면 훨씬 세련된 느낌을 줄 수 있다.

진한 초콜릿 피낭시에

초콜릿 피낭시에반죽

1_ 오븐을 200℃(불세기 6~7)로 예열한다. 볼에 슈거파우더, 아몬드가루, 카카오파우더, 꿀을 담는다.

2_ 달걀흰자를 2번에 나누어 넣고, 거품기로 섞는다.

3_ 밀가루와 베이킹파우더를 넣고, 마지막으로 녹인 버터를 넣어 골고루 섞는다.

4_ 짤주머니에 반죽을 담고 끝을 자른 뒤, 피낭시에몰드 각각의 구멍에 반죽이 ¾ 정도씩 차게 짠다. 오븐에 10분 굽고, 몰드에서 빼낸다.

초콜릿 가나슈

5_ 초콜릿을 잘게 부수어 볼에 담는다. 생크림은 냄비에 넣고 끓인다. 생크림이 끓으면 초콜릿에 부어 매끈해질 때까지 스패튤러로 잘 섞은 뒤, 미지근하게 식힌다.

6_ 짤주머니에 가나슈를 담아 끝을 자르고, 반죽을 구울 때 사용했던 피낭시에몰드 각각의 구멍에 ½ 정도씩 차게 짠다.

7_ 피낭시에를 1개씩 올려서 1시간 냉동한다.

초콜릿 코팅 & 장식

8_ 파트 아 글라세를 녹인다. 냉동한 초콜릿 피낭시에를 몰드에서 빼낸다. 칼로 피낭시에를 찍어서 가나슈 쪽을 파트 아 글라세에 담갔다 꺼낸다.

9_ 남은 가나슈는 작은 코르네에 담아, 피낭시에 위에 줄무늬를 그린다.

MACARONS
framboise

라즈베리 마카롱

마카롱 20개

작업 45분 — **가열** 18분 — **냉장** 30분 + 하룻밤 — **보관** 냉장 3일

난이도 ♧

마카롱 반죽	라즈베리 필링
달걀흰자 4개(130g)	글루코오스(포도당) 70g
설탕 60g	설탕 65g
붉은 색소 칼끝으로 아주 조금	물 20㎖
아몬드가루 180g	설탕 20g
슈거파우더 320g	펙틴 1작은술
	라즈베리 220g

필요한 도구 짤주머니 2개 — 8번 원형깍지 1개 — 조리용 온도계 1개

라즈베리

장밋빛 붉은색 또는 노란색 라즈베리는 크기가 작고, 향이 달고 진하며, 가벼운 신맛이 있다.
프랑스에서는 보통 4월부터 온실재배 라즈베리를 만나볼 수 있고,
노지재배 라즈베리는 6월 중순에만 보인다. 우리나라에서는 9~10월에 볼 수 있다.
제과에서는 마카롱, 타르트, 앙트르메, 아이스크림, 샤를로트 등에 다양하게 사용된다.

라즈베리 마카롱

마카롱반죽

1_ 달걀흰자를 단단해질 때까지 휘핑하다가, 설탕을 넣어 머랭을 만든다.

2_ 색소를 넣고 색이 고르게 날 때까지 잘 섞는다.

3_ 아몬드가루와 슈거파우더 같은 가루재료를 체에 쳐서 넣는다.

4_ 실리콘스패튤러로 반죽의 가운데서부터 시작하여 바깥쪽으로 반죽을 천천히 뒤집듯이 섞는다. 이때 한 손으로는 볼을 돌리면서, 다른 손으로는 가루재료와 머랭이 잘 섞이도록 반죽을 접듯이 마카로나주한다. 반죽이 부드러우면서 매끄럽고 윤기가 나면 완성. 깍지를 낀 짤주머니에 담는다.

5_ 유산지를 깐 오븐팬에 지름 4㎝ 정도의 작은 원모양으로 반죽을 짠다. 구울 때 서로 붙지 않도록 일정하게 간격을 둔다. 오븐팬을 바닥에 가볍게 쳐서 반죽에 남아 있는 공깃방울을 제거한 뒤, 반죽 표면이 굳도록 상온에 30분 정도 둔다. 오븐을 170℃(불세기 5~6)로 예열하고, 18분 굽는다.

라즈베리필링

6_ 글루코오스, 설탕 65g, 물을 냄비에 넣고 끓인다. 설탕 20g과 펙틴을 섞어서 넣고, 거품기로 계속 젓는다.

7_ 조리용 온도계가 110℃가 되면, 라즈베리를 넣어 섞는다. 끓으면 미지근하게 식혀서 볼에 옮겨 담고, 30분 냉장한다.

마카롱 조립

8_ 깍지를 낀 짤주머니에 라즈베리필링을 채우고, 전체 마카롱 코크의 ½ 분량에 작은 원모양으로 짠다.

9_ 남은 마카롱 코크로 가볍게 눌러 덮는다. 하룻밤 냉장한 뒤에 먹는다.

BROWNIE
브라우니

10~12인분

작업 30분(전날 밤 시작) — **가열** 30분 — **굳히기** 12시간

난이도 ♧

브라우니 반죽	초콜릿 가나슈
버터 100g	카카오 55% 다크초콜릿 60g
카카오 65% 다크초콜릿 85g	카카오 70% 다크초콜릿 145g
100% 카카오페이스트 35g	생크림 250㎖
바닐라빈 1개	글루코오스(포도당) 25g
달걀 2개(90g)	깍둑썰기한 버터 35g
설탕 100g	
밀가루 35g	
소금 1꼬집	
베이킹파우더 ½작은술	
카카오 55% 다크초콜릿칩 45g	
굵게 다진 호두 35g	
틀에 바를 기름	

필요한 도구 17×17×3.5㎝ 사각 무스틀 1개 — 짤주머니 1개 — 12번 원형깍지 1개

브라우니

브라우니는 호두를 넣어 만드는 아주 진한 초콜릿케이크를 말한다.
북미의 특별한 디저트로, 브라운 색깔을 띤다고 해서 브라우니라고 부르게 되었다.
설탕과 버터를 많이 넣어 속이 매우 부드럽고, 전통적으로는 네모난 모양으로 만든다.
이 레시피에서는 브라우니 위에 초콜릿가나슈를 얹어
부드러운 텍스처와 진한 초콜릿의 풍미를 살렸다.

전날 밤, 브라우니반죽 준비

1_ 오븐을 160℃(불세기 5~6)로 예열한다. 중탕볼에 버터, 초콜릿, 카카오페이스트를 넣어 녹인다.

2_ 바닐라빈을 반으로 갈라 칼끝으로 속을 긁어낸 뒤, 달걀, 설탕과 함께 볼에 담아 휘핑한다.

3_ 밀가루, 소금, 베이킹파우더를 섞어 넣는다.

4_ 버터, 초콜릿, 카카오페이스트를 함께 녹여서 미지근하게 식힌 것을 넣고 섞는다. 초콜릿칩과 호두도 넣어 섞는다.

5_ 틀에 기름을 바르고, 유산지를 깐 오븐팬에 놓는다. 브라우니반죽을 틀에 붓고, 오븐에 25~30분 굽는다. 차게 식혀서 12시간 냉장한다.

초콜릿가나슈

6_ 2가지 초콜릿을 잘게 부수어 볼에 담는다. 생크림을 끓여 불에서 내리고, 글루코오스를 넣어 섞는다. 초콜릿에 붓고 잘 섞는다.

7_ 버터를 넣고 전체적으로 매끄러워질 때까지 섞는다. 랩을 씌워 상온에 12시간 정도 놓아둔다.

다음 날

8_ 틀 가장자리에 칼을 넣고 1바퀴 돌려서 브라우니를 빼낸다. 브라우니 가장자리를 3mm씩 잘라서 단면을 깔끔하게 정리한다.

9_ 깍지를 낀 짤주머니에 가나슈를 담고, 브라우니 위에 작은 원모양으로 짠다.

CHEF'S TIP

브라우니 표면을 평평하게 구우려면,
굽는 중간에 브라우니 위에 오븐팬을 얹어 굽는다.

MINI-FINANCIERS
pistache de Sicile et cerises

시칠리아 피스타치오와 체리를 넣은
미니 피낭시에

피낭시에 35개

작업 20분 — **가열** 10분

난이도 ☁

피낭시에	달걀흰자 4개(115g)
아몬드가루 40g	밀가루 45g
슈거파우더 110g	베이킹파우더 1꼬집
피스타치오페이스트 1큰술	녹인 버터 65g
꿀 2작은술	아마레나체리* 20개

*아마레나체리(Amarena cherry)_ 이탈리아산 체리로,
주로 시럽에 절인 통조림을 사용한다.

필요한 도구 미니 피낭시에 실리콘몰드 1개 — 짤주머니 1개

시칠리아 피스타치오

시칠리아 피스타치오는 시칠리아 에트나(Etna) 지역의 브론테(Bronte)라는 작은 마을에서
재배되기 시작하였다. 화산활동에 의한 용암과 화산재로 비옥해진 토양에서 자라기 때문에
선명한 초록빛을 띠며, 디저트에 넣으면 진한 풍미를 낸다.

시칠리아 피스타치오와 체리를 넣은 미니 피낭시에

MINI-FINANCIERS
pistache de Sicile et cerises

피낭시에

1_ 오븐을 180℃(불세기 6)로 예열한다. 볼에 아몬드가루, 슈거파우더, 피스타치오페이스트, 꿀을 넣고 섞는다.

2_ 달걀흰자를 조금씩 넣으면서 섞는다.

3_ 반죽을 골고루 잘 섞는다.

4_ 밀가루와 베이킹파우더를 넣고 섞는다.

5_ 마지막으로 녹인 버터를 섞는다.

6_ 반죽을 짤주머니에 담는다.

7_ 짤주머니의 끝을 자른 뒤, 피낭시에몰드 각각의 구멍에 반죽을 짠다.

8_ 아마레나체리를 반으로 자른다.

9_ 반으로 자른 체리를 구멍에 1개씩 얹고 오븐에 10분 구운 뒤, 틀에서 빼낸다.

호두 초콜릿칩 쿠키

쿠키 12개

작업 15분 — **냉장** 12시간 — **가열** 7분

난이도 ♧

쿠키 반죽

버터 100g

카소나드(부분정제 갈색설탕) 100g

슈거파우더 40g

작은 달걀 1개(40g)

밀가루 150g

소금 1꼬집

베이킹파우더 1꼬집

굵게 다진 호두 100g

초콜릿칩 100g

필요한 도구 빵칼

쿠키

미국에서 탄생한 쿠키(cookie)는 평평한 모양의 과자를 말한다.

전통적으로 다크초콜릿칩을 넣어 만들며, 영어권에서는 초콜릿칩 쿠키라고 부른다.

원래 쿠키라는 말은 '프티 가토'를 의미하는 네덜란드어 'koekje'에서 유래하였다.

호두 초콜릿칩 쿠키

쿠키반죽

1_ 볼에 버터와 카소나드를 넣고, 실리콘스패튤러로 섞는다.

2_ 슈거파우더를 넣는다.

3_ 달걀을 넣고 섞는다.

4_ 밀가루, 소금, 베이킹파우더를 넣고, 반죽을 골고루 잘 섞는다.

5_ 다진 호두를 넣고 섞는다.

6_ 마지막으로 초콜릿칩을 넣어 섞는다.

7_ 작업대에 랩을 깔고, 쿠키반죽을 올린다.

8_ 반죽을 지름 7㎝ 정도의 소시지모양이 되도록 굴려서 랩으로 싼다. 12시간 냉장한다.

다음 날

9_ 오븐을 190℃(불세기 6~7)로 예열한다. 반죽의 랩을 벗기고, 빵칼로 7㎜ 두께로 썬다. 유산지를 깐 오븐팬에 올려 7분 굽는다.

GRANDES
madeleines

그랑 마들렌

마들렌 12개

작업 30분 — **가열** 10분 — **냉장** 30분 — **보관** 밀폐용기에 담아 냉장 2~3일

난이도 ♙

마들렌 반죽
작은 달걀 2개(80g)

설탕 65g

꿀 20g

바닐라빈 1개

우유 30㎖

밀가루 100g

베이킹파우더 1작은술

녹인 버터 100g

몰드에 바를 버터 50g

몰드에 뿌릴 밀가루

필요한 도구 큰 사이즈의 마들렌몰드 1개 — 짤주머니 1개 — 10번 원형깍지 1개

마르셀 프루스트의 마들렌

프랑스의 매우 대중적인 과자이자 로렌 지방 코메르시(Commercy)의 특산품이기도 한 마들렌은
소설가 마르셀 프루스트(Marcel Proust)에 의해 널리 알려졌다.
유명한 표현인 '프루스트의 마들렌'은 마르셀 프루스트의 소설 『잃어버린 시간을 찾아서』의
첫 장에 나온다. 이는 미각, 후각, 감각을 깨워 추억을 떠올리게 하는 문구로 유명하다.

마들렌

1_ 오븐을 200℃(불세기 6~7)로 예열한다. 달걀과 설탕을 볼에 담아 휘저어 섞고, 꿀을 넣는다.

2_ 바닐라빈을 반으로 갈라 칼끝으로 속을 긁어 넣는다.

3_ 준비한 우유를 ½만 넣고 휘저어 섞는다.

4_ 밀가루와 베이킹파우더를 넣고 섞는다.

5_ 남은 우유를 모두 붓고 잘 섞는다. 녹인 버터도 넣고, 고루 섞어서 30분 냉장한다.

6_ 마들렌몰드의 구멍마다 브러시로 버터를 바른다.

7_ 버터를 바른 위에 밀가루를 뿌리고, 몰드를 뒤집어 바닥에 살짝 쳐서 여분의 밀가루를 털어 낸다.

8_ 깍지를 낀 짤주머니에 마들렌반죽을 담고, 몰드 각각의 구멍에 가득 차게 짠다.

9_ 오븐에 넣고, 온도를 160℃(불세기 5~6)로 낮춘다. 10분 정도 또는 마들렌이 노릇해질 때까지 굽는다. 마들렌을 칼로 찔렀을 때 묻어나지 않으면 속까지 익은 것이다. 굽자마자 틀에서 바로 빼 내고, 차게 식혀서 먹는다.

CHEF'S TIP

반죽이 덩어리지지 않게 우유를 2번에 나누어 섞는다.

MUFFINS MANGUE
et pépites de chocolat

망고 초콜릿칩 머핀

머핀 10개

작업 20분 − **가열** 20분 − **보관** 밀폐용기에 3일

난이도 🍳

머핀반죽

망고 225g

달걀 3개(150g)

설탕 210g

소금 ½작은술

생크림 70g

레몬즙 ½큰술

밀가루 145g

베이킹파우더 1작은술

버터 65g

초콜릿칩 75g

필요한 도구 지름 7.5㎝, 높이 4㎝ 머핀컵 10개

머핀의 핵심 재료

영미권 지역에서 아침식사 또는 티타임에 즐기는 머핀은 부드럽고 촉촉한 케이크이다.

다양하게 맛을 낼 수 있으나, 전통 방식은 프랑스에서는 찾아보기 힘든 사워크림을 넣어 만든다.

크렘 프레슈(crème fraîche)에 레몬즙 몇 방울을 넣어 발효시키면 사워크림을 만들 수 있다.

망고 초콜릿칩 머핀

머핀

1_ 오븐을 180℃(불세기 6)로 예열한다. 망고는 껍질을 벗겨 작게 깍둑썰기한다.

2_ 달걀, 설탕을 볼에 넣고, 살짝 하얗고 되직해질 때까지 휘핑한다.

3_ 생크림과 레몬즙을 넣고 휘핑한다.

4_ 밀가루, 소금, 베이킹파우더를 넣고 거품기로 잘 섞는다.

5_ 반죽을 전체적으로 고르게 섞는다.

6_ 버터를 녹여서 넣고 섞는다.

7_ 깍둑썰기한 망고와 초콜릿칩을 넣고 섞는다.

8_ 짤주머니에 반죽을 담고, 끝을 조금 자른다.

9_ 머핀컵에 반죽을 나누어 짠다. 오븐에 20분 구운 뒤, 차게 식혀서 먹는다.

SABLÉS
abricot
살구 사블레

사블레 20개

작업 30분 — **가열** 10분

난이도 🌸

파트 사블레	**필링**
밀가루 200g	살구잼 150g
버터 120g	슈거파우더
슈거파우더 65g
소금 1꼬집
아몬드가루 25g
작은 달걀 1개(40g)

필요한 도구 지름 7㎝ 꽃모양커터 1개 — 지름 2.5㎝ 원형커터 1개

사블레

사블레는 원하는 모양의 커터로 찍기만 하면 매우 쉽게 여러 가지 크기와 모양으로 만들 수 있다.
이 레시피에서처럼 반죽을 꽃모양커터로 찍은 뒤 아래 사블레에 잼이나 가나슈를 바르고,
위 사블레는 원형커터로 가운데를 찍어내서 필링이 자연스럽게 보이게 하면
단순한 사블레보다 훨씬 보기 좋다.

살구 사블레

사블레

1_ 오븐을 170℃(불세기 5~6)로 예열한다. 작업대에 밀가루를 가볍게 뿌리고, 파트 사블레(p.489 참조)를 3mm 두께로 밀어 편다.

2_ 지름 7cm 꽃모양커터로 반죽을 40개 찍어낸다.

3_ 그 중에서 20개는 지름 2.5cm 원형커터로 찍어 가운데에 구멍을 낸다. 오븐에 10분 굽고 차게 식힌다.

몽타주

4_ 냄비에 살구잼을 넣고 가열한다.

5_ 가운데 구멍을 내지 않은 사블레에 브러시로 살구잼을 바른다.

6_ 구멍을 낸 사블레에 슈거파우더를 체에 쳐서 뿌린다.

7_ 살구잼을 바른 사블레 위에 구멍낸 사블레를 올린다.

8_ 잼을 체에 1번 걸러서 매끄럽게 만든다.

9_ 사블레 구멍이 가득 차도록 숟가락으로 잼을 떠 넣는다.

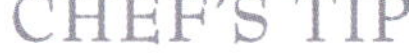

CHEF'S TIP

살구잼 이외에도 다양한 과일잼으로 여러 가지 색과 맛을 낼 수 있다.

BISCUITS AU CHOCOLAT
façon sandwich
초콜릿 샌드 비스킷

비스킷 약 10개

작업 30분 — **가열** 약 15분 — **굳히기** 12시간

난이도 ♧

파트 쉬크레	가나슈
밀가루 200g	카카오 65% 다크초콜릿 200g
버터 120g	생크림 225g
아몬드가루 25g	글루코오스(포도당) 22g
슈거파우더 65g	버터 35g
소금 2g	
작은 달걀 1개(40g)	

필요한 도구 지름 7㎝ 원형커터 1개 — 지름 2㎝ 원형커터 1개 — 지름 12㎜ 원형커터 1개 — 짤주머니 1개 — 12번 별깍지 1개

초콜릿 가나슈

생크림과 초콜릿을 같은 비율로 섞으면 가나슈가 된다.
부드러운 가나슈는 비스퀴를 장식하거나 케이크 겉면을 아이싱할 때 사용하고,
타르트에 채우는 필링으로도 사용한다. 생크림보다 초콜릿 비율이 더 높으면
가나슈가 좀 더 단단해지므로 트뤼프, 봉봉을 만들기에 적합하다.

파트 쉬크레

1_ 오븐을 150℃(불세기 5)로 예열한다. 파트 쉬크레(p.488~489 참조)를 4㎜ 두께로 밀어 편다.

2_ 지름 7㎝ 원형커터로 반죽을 20개 찍어서 실리콘매트를 깐 오븐팬에 놓는다.

3_ 10개는 지름 12㎜ 원형커터로 눈모양을 2개 찍어낸다. 지름 2㎝ 원형커터로는 입모양을 찍어낸다. 사블레가 노릇해질 때까지 오븐에 12~15분 굽는다.

가나슈

4_ 볼에 초콜릿을 잘게 부수어 담는다. 생크림을 끓여서 끓기 직전에 불에서 내리고, 글루코오스를 넣어 섞는다.

5_ 초콜릿에 뜨거운 생크림을 붓는다.

6_ 생크림을 초콜릿과 잘 섞은 뒤, 버터를 넣고 섞는다. 랩을 씌워 상온에 12시간 보관한다.

몽타주

7_ 깍지를 낀 짤주머니에 가나슈를 담는다.

8_ 구멍을 내지 않은 10개의 사블레에 가나슈를 장미모양으로 짠다.

9_ 구멍을 낸 사블레를 위에 올리고, 살짝 눌러서 두 눈과 입으로 가나슈가 차오르게 한다.

MACARONS BICOLORES
chocolat-banane

초콜릿 바나나
그러데이션 마카롱

마카롱 20개

작업 45분 — **가열** 18분 — **냉장** 30분 + 하룻밤 — **보관** 냉장 3일

난이도 ♡

마카롱반죽	초콜릿 바나나 필링
달걀흰자 4개(130g)	바나나 150g
설탕 60g	버터 20g
아몬드가루 180g	꿀 70g
슈거파우더 320g	럼 2작은술
갈색 색소 칼끝으로 아주 조금	생크림 100㎖
노란 색소 칼끝으로 아주 조금	밀크초콜릿 130g
	카카오 70% 다크초콜릿 80g

필요한 도구 짤주머니 2개 — 8번 원형깍지 1개

마카롱

지름 3~5㎝의 동그랗고 귀여운 마카롱은 겉은 바삭하면서 속은 부드럽고 촉촉하다.

먼저 달걀흰자와 설탕, 아몬드가루를 섞어 코크를 만드는 것부터 시작한다.

파리지앵이 사랑하는 마카롱은 보통 가나슈와 크림, 잼 등을 넣는데,

그 밖에도 여러 가지 맛과 향, 색으로 만들 수 있다.

프랑스 코르메리(Cormery)와 낭시(Nancy) 지역에서는 필링이 없는 마카롱을 만들기도 한다.

초콜릿 바나나 그러데이션 마카롱

마카롱반죽

1_ 달걀흰자를 단단해질 때까지 휘핑하다가, 설탕을 넣어 머랭을 만든다. 아몬드가루와 슈거파우더 같은 가루재료는 체에 친다.

2_ 머랭에 가루재료를 넣어 가볍게 섞는다.

3_ 2개의 볼에 준비한 색소를 1가지씩 넣은 뒤, 반죽을 나누어 담고 섞는다.

4_ 실리콘스패튤러로 반죽의 가운데서부터 시작하여 바깥쪽으로 반죽을 천천히 뒤집듯이 섞는다. 이때 한 손으로는 볼을 돌리면서, 다른 손으로는 가루재료와 머랭이 잘 섞이도록 반죽을 접듯이 마카로나주한다. 반죽이 부드러우면서 매끄럽고 윤기가 나면 완성.

5_ 깍지를 끼운 짤주머니에 2가지 마카롱반죽을 함께 담는다. 이때 반죽이 섞이지 않게 조심한다.

6_ 오븐팬에 유산지를 깔고, 지름 4cm 정도의 작은 원모양으로 반죽을 짠다. 구울 때 서로 붙지 않도록 일정하게 간격을 둔다. 오븐팬을 바닥에 가볍게 쳐서 반죽에 남아 있는 공깃방울을 제거하고, 반죽 표면이 굳도록 상온에 30분 정도 놓아둔다. 오븐을 170℃(불세기 5~6)로 예열하고, 18분 굽는다.

초콜릿 바나나 필링

7_ 바나나를 둥글게 자른다. 팬에 버터와 꿀을 넣고 끓인 뒤, 바나나를 넣고 2분 익힌다. 럼을 넣고, 생크림을 부어 2분 더 익힌다.

8_ 준비한 2가지 초콜릿을 잘게 부수어 볼에 담은 뒤, **7**을 붓고 섞는다. 전체적으로 매끄러워질 때까지 핸드블렌더로 섞어서 30분 냉장한다.

마카롱 조립

9_ 깍지를 끼운 짤주머니에 초콜릿 바나나 필링을 담는다. 전체 마카롱 코크의 ½ 분량에 원모양으로 짜고, 남은 마카롱 코크로 가볍게 눌러 덮는다. 하룻밤 냉장한 뒤에 먹는다.

BONBONS & PETITES GOURMANDISES

봉봉

& 프티

구르망

SUCETTES CITRON,
chocolat et framboise
레몬 초콜릿 라즈베리
쉬세트

쉬세트 18개

작업 1시간 − **냉동** 3시간 − **보관** 밀폐용기에 10일

난이도 ⬠⬠

레몬콩피	초콜릿 라즈베리 가나슈
레몬 1개	다크초콜릿 225g
소금 1꼬집	생크림 150㎖
물 75㎖	라즈베리에센스 1~2방울
설탕 75g	꿀 40g
	무른 버터 1작은술

레몬 파트 다망드	
아몬드가루 65g	**코팅**
슈거파우더 40g	파트 아 글라세 블랑슈(흰색 코팅용 초콜릿) 400g
카카오버터 1큰술	노란색 카카오버터
노란 색소 칼끝으로 아주 조금	붉은색 카카오버터
잘게 썬 레몬콩피 45g	흰색 카카오버터

필요한 도구 짤주머니 2개 − 지름 3.5㎝ 구형 18구 실리콘몰드 1개 − 나무막대 18개

파트 아 글라세

카카오파우더, 설탕, 유제품, 식물성 유지를 섞어 만든 파트 아 글라세는
앙트르메나 제과류에 반짝이는 질감을 주고 싶을 때, 또는 바삭한 식감을
주기 위해 마무리로 사용된다. 파트 아 글라세 블랑슈(흰색)를 사용할 때는
색소를 섞어서 원하는 색을 만들어 사용할 수 있다.

레몬 초콜릿 라즈베리 쉬세트

레몬콩피

1_ 냄비에 물과 소금 1꼬집을 넣고 불에 올린다. 끓으면 레몬을 넣고 흰빛이 돌 때까지 새 물로 바꾸어가며 계속 끓인다.

2_ 레몬을 꺼내 4등분하고, 씨를 빼서 슬라이스한다. 물 75ml와 설탕 75g을 끓여 슬라이스한 레몬을 넣고, 약불에 30분 끓인다. 체로 건져서 잘게 썬다.

레몬 파트 다망드

3_ 아몬드가루, 슈거파우더, 카카오버터, 노란 색소를 볼에 넣고 섞는다. 잘게 썬 레몬콩피를 섞어 짤주머니에 담는다.

초콜릿 라즈베리 가나슈

4_ 다크초콜릿을 중탕하여 녹인다. 상온에 둔 생크림에 라즈베리에센스를 넣고, 다크초콜릿에 부어 섞는다. 꿀과 버터를 넣고 섞어서 짤주머니에 담는다.

몽타주 & 코팅

5_ 레몬 파트 다망드가 든 짤주머니 끝을 자른 뒤, 구형 몰드의 아랫부분에 가득 차도록 짠다.

6_ 몰드의 윗부분으로 덮는다.

7_ 초콜릿 라즈베리 가나슈가 든 짤주머니 끝을 자른 뒤, 몰드 윗부분의 구멍으로 짜 넣는다.

8_ 나무막대를 꽂아 3시간 냉동한다.

9_ 쉬세트를 몰드에서 조심스럽게 빼낸다. 파트 아 글라세 블랑슈를 녹여 볼에 붓는다. 노란색 카카오버터를 넣고, 붉은색 카카오버터와 흰색 카카오버터를 차례로 넣는다. 나무막대로 살짝 휘저어 소용돌이모양을 만든다. 쉬세트를 조심스럽게 담갔다가 살짝 돌리면서 빼내 소용돌이모양으로 입힌다.

TRUFFES
au chocolat

트뤼프

트뤼프 45개

작업 1시간 + 초콜릿 템퍼링 30분 — **냉장** 5분 — **보관** 밀폐용기에 15일

난이도 ♧♧

초콜릿 가나슈
생크림 150㎖

밀크초콜릿 100g

카카오 70% 다크초콜릿 110g

꿀 55g

버터 12g

코팅
카카오 70% 커버추어 다크초콜릿 250g

카카오파우더 100g

필요한 도구 조리용 온도계 1개 — 짤주머니 1개 — 12번 원형깍지 1개 — 라텍스 장갑

트뤼프

한 해를 마무리하는 축하파티 때 먹는 특별한 디저트인 트뤼프는

초콜릿과 생크림(또는 버터), 설탕으로 만드는데,

기호에 따라 시나몬이나 커피, 바닐라, 럼, 레몬, 차 등을 넣어 풍미를 더하기도 한다.

만드는 방법은 매우 간단하다. 먼저 가나슈를 동그랗게 빚은 뒤,

템퍼링한 초콜릿을 입혀 카카오파우더에 굴리면 완성이다.

초콜릿 가나슈

1_ 생크림은 상온에 둔다. 2가지 초콜릿을 함께 중탕으로 녹이고, 꿀을 섞는다.

2_ 상온에 둔 생크림을 넣는다.

3_ 거품기로 부드럽게 섞는다.

4_ 버터를 넣고 거품기로 조심스럽게 섞는다. 실리콘스패튤러로 바꾸어 매끄러워질 때까지 천천히 부드럽게 계속 섞는다. 깍지를 낀 짤주머니에 담는다.

5_ 유산지를 깐 오븐팬에 가나슈를 지름 2㎝ 원모양으로 짠다. 5분 냉장한다.

6_ 라텍스 장갑을 끼고 동그랗게 빚는다.

코팅

7_ 다크초콜릿을 템퍼링(p.494~495 참조)한다. 접시에 카카오파우더를 붓는다.

8_ 포크로 가나슈를 찍어 템퍼링한 초콜릿에 담갔다 꺼낸다.

9_ 곧바로 카카오파우더에 굴린다. 차게 보관한다.

CHEF'S TIP

초콜릿 템퍼링이 어렵다면, 템퍼링 단계를 생략하고
동그랗게 빚은 가나슈를 곧바로 카카오파우더에 굴려서 완성한다.

PÂTES DE FRUIT
mangue

망고 젤리

젤리 65 개

작업 30분 — **굳히기** 4시간 — **보관** 밀폐용기에 6일

난이도 🍥

망고 젤리	장식
망고퓌레 200g	설탕
살구퓌레 150g	
황색펙틴 1½작은술	
설탕 35g	
글루코오스(포도당) 100g	
설탕 375g	
주석산 용해액 1½작은술	

필요한 도구 조리용 온도계 1개 — 1구 지름 4㎝ 원형 실리콘몰드 1개

과일젤리를 만들기에 알맞은 황색펙틴

과일젤리를 만들 때는 일반적으로 당과 산을 결정화시킬 수 있는 황색펙틴을 사용한다.
젤리가 어느 정도 단단해져서 모양을 만들 수 있고, 동시에 말랑말랑한 유연성을 유지해준다.

망고 젤리

망고젤리

1_ 망고퓌레와 살구퓌레를 냄비에 미지근하게 데우고, 황색펙틴과 설탕 35g은 작은 볼에 섞는다.

2_ 펙틴과 설탕 섞은 것을 퓌레에 붓는다.

3_ 글루코오스를 넣는다.

4_ 내용물이 끓으면 설탕 375g을 넣는다.

5_ 조리용 온도계가 105℃가 될 때까지 실리콘스패튤러로 계속 저으면서 끓인다.

6_ 살짝 되직하고 걸쭉해지면 완성이다.

7_ 불을 끄고 주석산 용해액을 넣은 뒤, 실리콘스패튤러로 섞는다.

8_ 젤리반죽을 준비한 원형 실리콘몰드에 숟가락으로 떠 넣는다. 상온에서 4시간 정도 굳힌다.

9_ 젤리를 몰드에서 빼낸다. 기호에 따라 그릇에 설탕을 붓고, 젤리를 굴려서 묻힌다.

CHEF'S TIP

주석산 용해액 대신 레몬즙을 몇 방울 넣어도 좋다.

BARRES CARAMEL-CHOCOLAT
façon mendiant

망디앙 스타일
캐러멜 초콜릿바

초콜릿바 10 개

작업 1시간 + 초콜릿 템퍼링 30분 — **냉장** 2시간 15분 — **굳히기** 15분 — **보관** 밀폐용기에 1주일

난이도 ♧♧

캐러멜	초콜릿 가나슈	코팅
바닐라빈 ½개	생크림 150㎖	카카오 70% 커버추어 다크초콜릿 500g
생크림 150㎖	밀크초콜릿 90g	
설탕 110g	카카오 70% 다크초콜릿 115g	**장식**
물 40㎖	꿀 40g	껍질 벗긴 아몬드
설탕 100g	버터 12g	껍질 벗긴 헤이즐넛
글루코오스(포도당) 100g		오렌지콩피
버터 55g		피스타치오

필요한 도구 조리용 온도계 1개 — 카카오바리(Cacao Barry)의 1구 11×2.3×1.4㎝ 폴리카보네이트몰드 1개

짤주머니 3개 — 코르네(cornet, 유산지로 만든 원뿔모양의 작은 짤주머니) 1개

망디앙

본래 거지, 걸인을 의미하는 '망디앙(Mendiant)'은 헤이즐넛과 아몬드, 건포도, 무화과를 섞은
반죽을 말하는데, 재미있게도 탁발수행을 하는 승려의 예복 색깔과 닮았다 하여 붙여진 이름이다.
초콜릿이 결합된 지금의 망디앙은 매우 인기 있는 콩피즈리가 되었고,
연말연시에 가장 많이 먹는다. 말린 살구나 말린 오렌지, 피스타치오 등
여러 가지 말린 과일과 콩피를 결합하여 다양한 스타일의 망디앙을 만들 수 있다.

망디앙 스타일 캐러멜 초콜릿바

캐러멜

1_ 바닐라빈을 반으로 갈라 칼끝으로 속을 긁어낸 뒤, 설탕 110g, 생크림과 함께 냄비에 넣고 끓인다. 끓으면 불에서 내린다.

2_ 다른 냄비에 물 40㎖와 설탕 100g을 넣고 끓이고, 글루코오스를 넣는다.

3_ 젓지 말고 그대로 두어서 카라멜리제한다.

4_ 캐러멜색을 띠면 버터를 넣고 거품기로 섞는다.

5_ 설탕, 생크림, 바닐라빈 속을 함께 끓인 것을 붓고, 거품기로 계속 섞는다. 만약 설탕이 굳으면서 깨지기 시작하면 다시 불에 올려서 끓인다. 완성된 캐러멜은 미지근하게 식혀 짤주머니에 담아둔다.

초콜릿가나슈

6_ 생크림은 미리 상온에 둔다. 준비한 2종류의 초콜릿을 함께 중탕하여 녹인 뒤, 꿀과 생크림을 넣고 거품기로 조심스럽게 섞는다.

7_ 버터를 조금씩 넣으며 거품기로 섞는다. 실리콘스패튤러로 바꿔서 매끄럽게 될 때까지 천천히 섞은 뒤, 미지근하게 식혀서 짤주머니에 담는다.

코팅 & 몽타주

8_ 커버추어 다크초콜릿을 템퍼링(p.494~495 참조)한다. 짤주머니에 담고 끝을 자른 뒤, 몰드에 짜 넣는다.

9_ 초콜릿이 담긴 몰드를 작업대 바닥에 쳐서 여분의 공깃방울을 제거한다.

>>>

10_ 몰드를 들고 거꾸로 뒤집어서 초콜릿을 몰드 전체에 고루 입히고, 윗면을 살짝 두드려서 여분의 초콜릿이 바닥으로 흐르게 한다. 몰드 표면을 스패튤러로 긁어서 흘러내리는 초콜릿을 정리한다. 몰드에 초콜릿이 얇게 씌워지면 완성이다.

11_ 몰드를 다시 똑바로 놓고, 스크레이퍼로 윗면을 깨끗하게 긁어서 그대로 15분 둔다. 템퍼링한 남은 초콜릿은 중탕으로 계속 32℃를 유지한다(32℃ 이상 올라가지 않게 주의한다).

12_ 초콜릿가나슈가 든 짤주머니의 끝을 자르고, 초콜릿을 씌운 몰드가 ⅔ 정도 차도록 짠다.

13_ 캐러멜이 든 짤주머니의 끝을 자르고, 가나슈 위에 짜서 틀 윗면에서 3㎜ 아래까지 채운다. 15분 냉장한다.

14_ 몰드를 꺼낸 뒤, 템퍼링한 초콜릿을 짤주머니에 담아 몰드가 가득 차도록 짠다.

15_ 몰드 위에 두꺼운 비닐랩 등을 덮고, 안쪽에 초콜릿이 잘 붙도록 꼼꼼히 누른다.

16_ 스크레이퍼로 비닐랩 위를 긁어 여분의 초콜릿을 제거한다. 2시간 냉장한다.

장식

17_ 캐러멜 초콜릿바가 잘 굳으면, 몰드를 바닥에 쳐서 빼낸다. 코르네(cornet, 유산지로 만든 원뿔모양의 작은 짤주머니)에 남은 가나슈를 담는다.

18_ 각각의 초콜릿바 위에 가나슈를 작은 점모양으로 짜고, 그 위에 견과류와 오렌지콩피를 붙여 마무리한다.

PETITES
pommes d'amour

프티
폼 다무르

폼 다무르 10 개

작업 30분

난이도 ✿

사과	레드캐러멜
레몬 1개	설탕 500g
사과 10개	물 150㎖
	글루코오스(포도당) 80g
	라즈베리레드 색소 칼끝으로 아주 조금
	바닐라빈 3개

필요한 도구 나무막대 10개 — 조리용 온도계 1개

폼 다무르

거리 축제에서 흔히 찾아볼 수 있는 폼 다무르는 바삭한 레드캐러멜을 씌운 막대 사과를 말한다.
캐러멜에는 바닐라 또는 시나몬 향을 더할 수 있다.
이 콩피즈리는 중세시대에 '폼 다무르(Pomme d'Amour)'라고 부르던 토마토 이름을
그대로 가져왔는데, 왜냐하면 색깔과 모양이 닮았기 때문이다.
흔히 사용해온 골든 품종 대신 더 작은 품종으로 만들어보는 것도 좋다.

프티 폼 다무르

사과

1_ 큰 볼에 물을 담고 레몬즙을 짜 넣는다.

2_ 사과를 깨끗이 씻어 껍질을 벗기고, 레몬즙을 넣은 물에 담가 갈변을 막는다.

레드캐러멜

3_ 냄비에 설탕과 물을 부어 끓인다. 설탕이 녹으면 글루코오스를 넣는다.

4_ 끓기 시작하면 숟가락으로 표면의 거품을 걷어낸다.

5_ 색소를 넣고 계속 끓인다.

6_ 바닐라빈을 길게 갈라서 칼끝으로 속을 긁어낸 뒤, 캐러멜이 든 냄비에 넣고 섞는다.

7_ 조리용 온도계가 160~170℃가 될 때까지 계속 끓인다.

사과 코팅

8_ 깨끗한 수건이나 키친타월 위에 사과를 놓고 물기를 뺀 뒤, 사과 위쪽에 나무막대를 1개씩 꽂는다.

9_ 캐러멜이 알맞은 온도가 되면 불에서 내린다. 곧바로 캐러멜에 사과를 담가 전체에 골고루 입힌 뒤, 꺼내서 유산지에 놓고 굳힌다.

CHEF'S TIP

사과 껍질을 벗기지 않고 만들어도 되는데,
이때는 레몬물에 담가둘 필요가 없다.

BARRES
passion-chocolat
패션프루트 초콜릿바

초콜릿바 10 개

작업 1시간 + 초콜릿 템퍼링 30분 — **냉동** 1시간 — **굳히기** 1시간 — **보관** 밀폐용기에 5일

난이도 ⬡⬡

패션프루트 파트 다망드	패션프루트 가나슈
패션프루트퓌레 60g	패션프루트퓌레 30g
카카오버터 1큰술	설탕 2½작은술
아몬드가루 85g	글루코오스(포도당) 2작은술
슈거파우더 50g	밀크초콜릿 120g
감자전분 20g	카카오 70% 다크초콜릿 20g
	생크림 40㎖
	버터 6g

코팅
커버추어 밀크초콜릿 350g

필요한 도구 실리코마트(Silikomart)의 미니 픽(Mini Pick) 몰드 1개 — 나무막대 10개
초콜릿 전사지(초콜릿에 다양한 무늬를 입히는 판박이) 1장

쉬세트 몰드

누구나 좋아하는 쉬세트를 만들고 싶다면 독특한 모양의 몰드를 사용하는 것이 좋다.
막대모양, 하트모양, 별모양, 원모양 등 다양한 디자인이 있으며,
사용하기도 쉽고 쉬세트 모양을 일정하게 만들어준다.

패션프루트 초콜릿바

패션프루트 파트 다망드

1_ 냄비에 패션프루트퓌레를 붓고 ⅓로 줄어들 때까지 졸인 뒤, 카카오버터를 넣고 섞는다.

2_ 볼에 아몬드가루와 슈거파우더를 섞고, 그 위에 패션프루트퓌레와 카카오버터를 섞은 뜨거운 액체를 붓는다.

3_ 반죽으로 뭉쳐질 때까지 잘 섞는다.

4_ 감자전분을 뿌리면서 반죽을 3㎜ 두께로 얇게 밀어 편다.

5_ 반죽을 6×4㎝ 직사각형으로 자른다.

6_ 다시 감자전분을 뿌린다.

7_ 준비한 몰드에 파트 다망드를 1개씩 놓는데, 이때 감자전분을 뿌린 면이 바닥으로 가게 놓는다. 손으로 가볍게 눌러 잘 붙인다.

패션프루트 가나슈

8_ 냄비에 패션프루트퓌레를 붓고 ½로 줄어들 때까지 졸인 뒤, 설탕과 글루코오스를 넣고 계속 끓인다. 초콜릿 2종류는 잘게 부수어 볼에 담아둔다.

9_ 패션프루트퓌레를 끓이는 냄비에 생크림을 붓고 저으면서 끓인다.

>>>

CHEF'S TIP

패션프루트퓌레는 새콤한 맛이 나는 다른 과일퓌레로 대체할 수 있다.
라즈베리나 파인애플, 카시스와 같은 새콤한 과일은 초콜릿과 환상적인 조화를 이루는데,
과일의 신맛이 초콜릿과 만나면서 콩피즈리를 가볍고 부드럽게 만들어준다.

패션프루트 초콜릿바

10_ 부순 초콜릿 위에 붓고 잘 섞는다.

11_ 버터를 넣고 섞어서 짤주머니에 담아둔다.

12_ 패션프루트가나슈를 몰드가 ¾ 정도 차도록 짠다.

13_ 나무막대를 꽂는다.

14_ 패션프루트가나슈를 몰드가 가득 차게 짠다.

15_ 스패튤러로 몰드 윗면을 긁어서 여분의 가나슈를 깔끔하게 정리한다. 상온에 1시간 정도 놓아둔 뒤, 최소 1시간 이상 냉동하여 바를 완전히 굳힌다.

16_ 단단한 바를 몰드에서 빼내 유산지 위에 놓는다.

코팅 & 장식

17_ 커버추어 밀크초콜릿을 템퍼링(p.494~495 참조)한다.

18_ 작업대에 초콜릿 전사지를 깐다. 템퍼링한 초콜릿에 바를 담갔다 꺼낸 뒤, 전사지 위에 올려서 그대로 굳힌다.

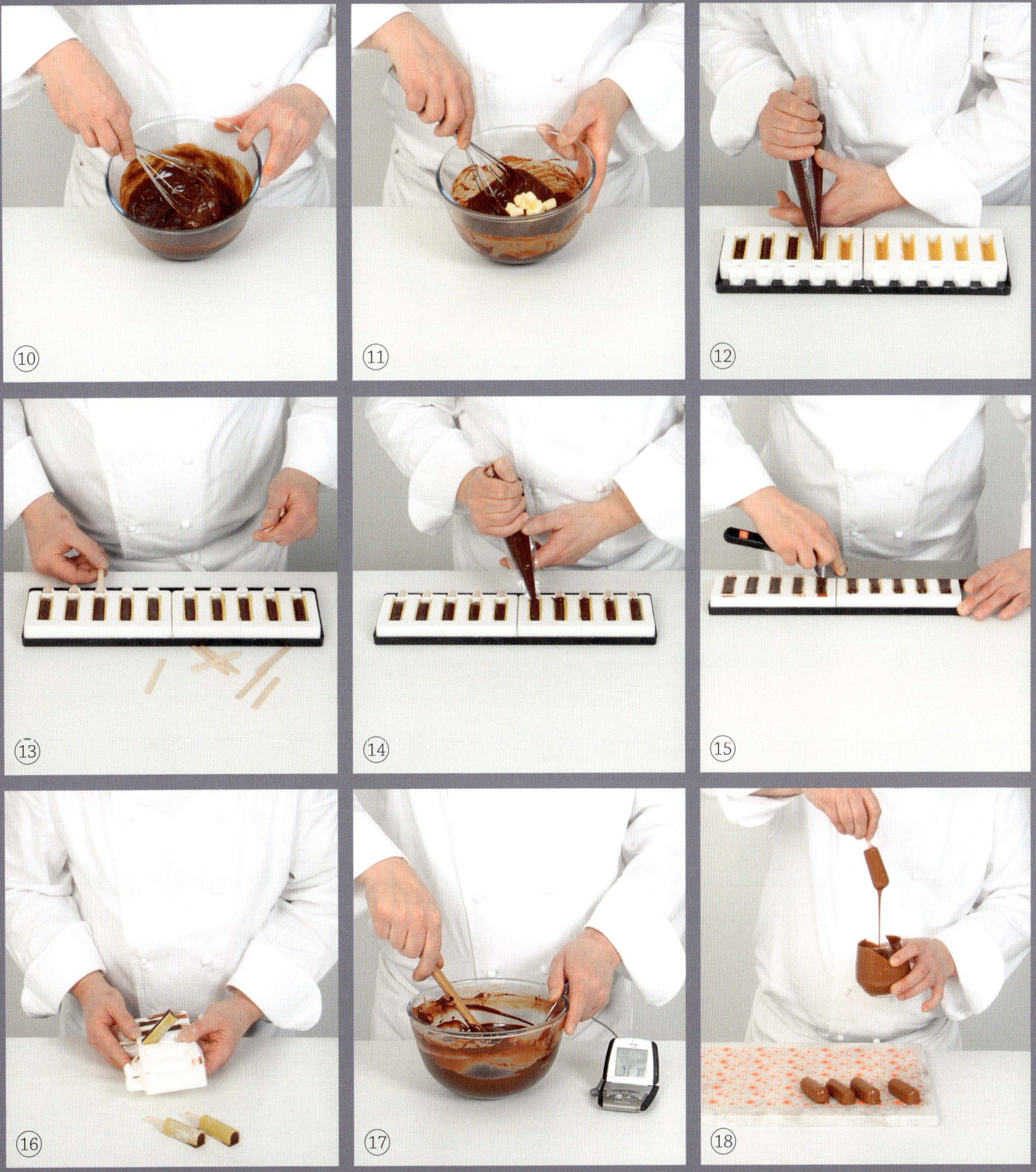

BÂTONNETS
chocolat-orange
초콜릿 오렌지
바토네

바토네 **12** 개

작업 1시간 30분 — **가열** 10분 — **템퍼링** 30분 — **냉장** 1시간 5분 — **냉동** 2시간 — **보관** 밀폐용기에 8일

난이도 ♣♣

아몬드 크루스티양	**프랄리네 가나슈**
물 1큰술	생크림 100㎖
설탕 1큰술	꿀 25g
슬리버드 아몬드* 50g	밀크초콜릿 220g
설탕	프랄리네 80g
	쿠앵트로* 1큰술

프랄리네 오렌지 크루스티양

밀크초콜릿 12g

프랄리네(가당 헤이즐넛페이스트) 50g

버터 20g

오렌지콩피 10g

가보트(Gavottes)의 파이테 푀유틴* 25g

코팅

커버추어 밀크초콜릿 300g

*슬리버드 아몬드(slivered almond)_ 세로로 길고 가늘게 썬 아몬드.

*파이테 푀유틴(pailleté feuilletine)_ 구운 크레페 조각을 잘게 부순 것.

*쿠앵트로(Cointreau)_ 브랜디 베이스의 오렌지향 리큐어.

필요한 도구 실리코마트(Silikomart)의 미니 클래식 몰드 1개 — 짤주머니 1개 — 나무막대 12개

하나의 레시피에서 템퍼링한 초콜릿을
여러 번 사용하는 경우

이 레시피에서 같은 질감의 초콜릿을 3번 사용하기 위해서는 처음 초콜릿을 템퍼링하여 사용한 뒤,
마지막 코팅단계까지 계속 같은 온도를 유지해야 한다(28~30℃). 그래야 초콜릿의 윤기나 색이
처음과 같은 상태로 사용할 수 있다. 초콜릿을 중탕하여 온도가 올라가면
잠시 작업대에 놓고 식히고, 온도가 내려가면 다시 중탕을 반복한다.

초콜릿 오렌지 바토네

아몬드 크루스티양

1_ 오븐을 150℃(불세기 5)로 예열한다. 물과 설탕 1큰술을 끓여서 볼에 담아둔 아몬드 위에 붓고 잘 섞은 뒤, 설탕을 조금 뿌린다.

2_ 오븐에 10~15분 굽는다. 굽는 중간에 1번 뒤집는다.

프랄리네 오렌지 크루스티양

3_ 초콜릿을 중탕으로 녹인 뒤, 프랄리네와 버터를 섞는다.

4_ 오렌지콩피와 파이테 푀유틴을 넣어 섞는다.

5_ 유산지 위에 펴놓고, 유산지를 1장 덮는다. 밀대로 두께가 4㎜ 정도 되도록 밀어 편 뒤, 30분 냉장한다.

6_ 위쪽의 유산지를 벗기고, 6×3㎝ 직사각형으로 자른다.

프랄리네가나슈

7_ 냄비에 생크림과 꿀을 붓고 끓인다. 밀크초콜릿은 중탕으로 녹인다.

8_ 초콜릿에 뜨거운 생크림을 붓고, 거품기로 조심스럽게 섞는다.

9_ 프랄리네를 넣고, 쿠앵트로를 부어 섞는다. 30분 냉장한다.

>>>

CHEF'S TIP

나무막대를 초콜릿에 꽂을 때 초콜릿이 부드러운지 확인하고, 가운데에 정확하게 꽂는다.
너무 깊숙이 찔러 넣거나 너무 바깥쪽에 꽂지 않도록 한다.
하다 보면 요령이 생긴다.

초콜릿 오렌지 바토네

몽타주 & 코팅

10_ 커버추어 밀크초콜릿을 템퍼링(p.494~495 참조)한다. 브러시로 템퍼링한 초콜릿을 몰드 안쪽에 골고루 바르고, 5분 냉장하여 굳힌다. 템퍼링한 초콜릿은 28~30℃로 유지한다.

11_ 가나슈를 힘차게 휘저어 매끄럽게 푼 뒤, 짤주머니에 담는다.

12_ 초콜릿을 발라서 굳힌 몰드가 ½ 정도 차게 가나슈를 짠다.

13_ 나무막대를 꽂는다.

14_ 직사각형으로 자른 프랄리네 오렌지 크루스티양을 얹는다.

15_ 다시 가나슈를 짜서 몰드에 가득 채운다.

16_ 스패튤러로 몰드의 윗면을 긁어서 여분의 가나슈를 깔끔하게 정리한다.

17_ 템퍼링한 초콜릿을 몰드 위에 조금만 부은 뒤, 스패튤러로 윗면을 깨끗하게 긁어낸다. 2시간 냉동한다. 템퍼링한 초콜릿은 계속 28~30℃로 유지한다.

18_ 단단히 굳은 바토네를 몰드에서 빼내 템퍼링한 초콜릿에 담갔다 꺼낸다. 여분의 초콜릿이 흘러내리도록 잠시 들고 있다가 깨끗한 유산지에 놓고, 아몬드 크루스티양을 뿌려 마무리한다.

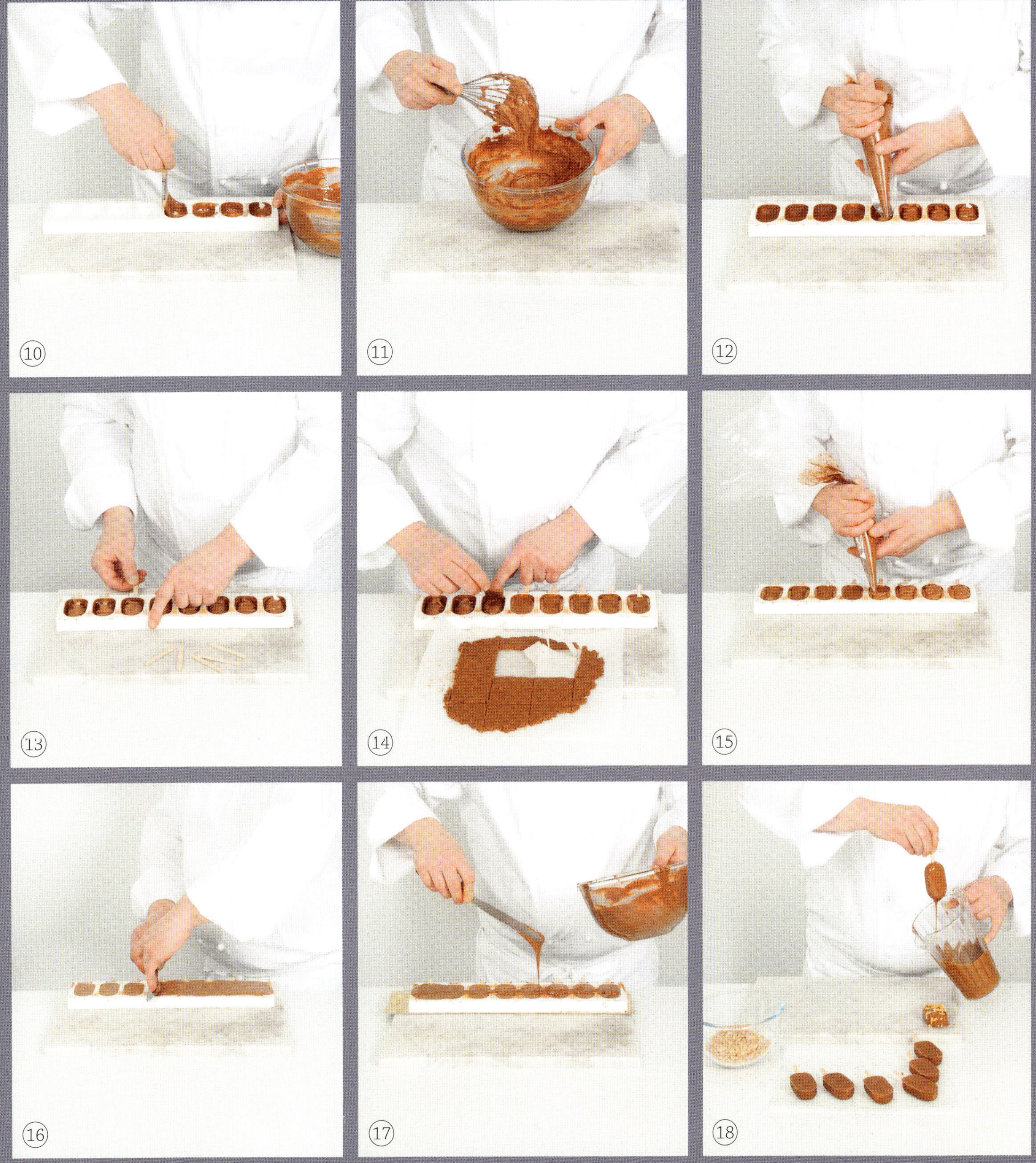

433

GUIMAUVES
chocolat

초콜릿

기 모 브

기모브 약 65 개

작업 30분 — **휴지** 24시간 — **보관** 밀폐용기에 3일

난이도 ✿

초콜릿 기모브
판젤라틴 11장(22g)

물 70㎖

설탕 175g

글루코오스(포도당) 75g

트리몰린(전화당) 100g

트리몰린 110g

카카오페이스트 45g

슈거파우더 150g

감자전분 150g

틀에 바를 버터

필요한 도구 조리용 온도계 1개 — 16×16㎝ 사각 무스틀 1개 — 브러시 1개

기모브

기모브(Guimauve)는 원래 치료 목적으로 약국에서 판매하던 식물의 이름이다.

곱게 간 페이스트 형태로 팔았는데, 질감이 비슷해서 콩피즈리에 기모브라는 이름이 붙여졌다.

일반적으로 시럽과 설탕, 젤라틴, 색소를 섞어 만들며,

이것이 영미권 국가로 전해져서 마시멜로 등으로 다양해졌다.

434

초콜릿 기모브

전날 밤, 초콜릿 기모브 준비

1_ 찬물에 판젤라틴을 불린다. 물, 설탕, 글루코오스, 트리몰린 100g을 냄비에 담고, 조리용 온도계가 113℃가 될 때까지 끓인다.

2_ 젤라틴의 물기를 꽉 짜서, 트리몰린 110g과 함께 볼에 담는다. 그 위에 물, 설탕, 글루코오스, 트리몰린을 끓인 시럽을 붓고, 거품기 끝에 새의 부리처럼 하얗고 뾰족하게 설 때까지 전동거품기로 휘핑한다.

3_ 카카오페이스트를 녹여 넣고 섞는다.

4_ 틀에 버터를 발라 유산지를 깐 오븐팬에 놓고, 기모브반죽을 붓는다.

5_ 슈거파우더와 감자전분을 섞어서 반죽 위에 뿌린다. 상온에 24시간 그대로 두어 굳힌다.

다음 날, 기모브틀 제거 & 장식

6_ 틀 안쪽에 칼을 넣고 가장자리를 따라 1바퀴 돌려 틀을 빼낸다.

7_ 유산지를 깐 오븐팬에 그대로 뒤집어 놓고, 밑면에 붙어 있던 유산지를 떼어낸다.

8_ 슈거파우더와 감자전분 섞은 것을 골고루 뿌리고, 브러시로 여분의 가루를 털어낸다.

9_ 기모브를 너비 2㎝ 띠모양으로 자른 뒤, 다시 2×2㎝ 정사각형으로 자른다.

CHEF'S TIP

트리몰린을 흐르지 않는 되직한 꿀로 대체할 수 있다.

NOUGAT
누가

누가 **1 kg**

작업 45분 — **가열** 35분 — **보관** 밀폐용기에 10일

난이도 ☕☕

누가반죽
껍질 벗긴 헤이즐넛 100g

껍질 벗긴 아몬드 200g

껍질 벗긴 피스타치오 100g

달걀흰자 1½개(50g)

설탕 20g

꿀 215g

설탕 250g

글루코오스(포도당) 100g

물 70㎖

실리콘매트에 바를 기름

필요한 도구 조리용 온도계 1개 — 실리콘매트 2개

누가

누가는 설탕과 꿀, 15% 정도의 견과류를 넣어 만든 콩피즈리이다.

만드는 온도에 따라 딱딱해지거나 부드러워지며, 때로는 과일콩피를 넣어서 만들기도 한다.

프랑스의 여러 지역에서 누가를 생산하고 있는데, 아몬드나 피스타치오 등의

견과류 함량이 최소 30% 이상인 몽텔리마르(Montélimar) 지역의 누가가 가장 유명하다.

438

누가

1_ 오븐을 160℃(불세기 5~6)로 예열한다. 헤이즐넛, 아몬드, 피스타치오를 오븐팬에 올려 15분 굽는다. 큰 볼에 달걀흰자를 넣고 거품기 끝에 단단한 뿔모양이 만들어질 때까지 휘핑하다가, 설탕을 넣어 머랭을 만든다. 동시에 냄비에 꿀을 붓고, 조리용 온도계가 140℃가 될 때까지 끓인다.

2_ 꿀이 140℃가 되면, 바로 머랭에 부으면서 전동거품기로 조심스럽게 휘핑한다.

3_ 냄비에 설탕, 글루코오스, 물을 넣고, 조리용 온도계가 175℃가 될 때까지 끓인다. 꿀을 넣은 머랭도 계속 휘핑한다.

4_ 시럽이 175℃가 되면 휘핑하던 머랭에 부어 전체적으로 고른 질감이 될 때까지 섞는다.

5_ 되직하면서 단단해질 때까지 중탕으로 10분 가열한다.

6_ 중탕하던 볼을 내려서 견과류를 넣고, 나무스패튤러로 섞는다.

7_ 작업대에 실리콘매트를 깔고 기름을 바른 뒤, 누가반죽을 붓는다. 기름을 바른 또 다른 실리콘매트로 덮고, 손바닥으로 누가반죽을 누른다.

8_ 두께가 1.5~2㎝가 되도록 밀대로 가볍게 밀어 편다. 상온에 그대로 두어 식힌다.

9_ 누가를 띠모양으로 자른 뒤, 일정한 크기로 자른다.

PÂTES DE FRUIT
framboise-amande
라즈베리 아몬드 젤리

젤리 약 65 개

작업 45분 — **굳히기** 4시간 — **보관** 밀폐용기에 6일

난이도 ✿

라즈베리 젤리	파트 다망드
라즈베리퓌레 300g	화이트 파트 다망드 200g
황색펙틴 1작은술	
설탕 30g	**장식**
글루코오스(포도당) 80g	설탕
설탕 295g	
주석산 용해액 1작은술	

필요한 도구 조리용 온도계 1개 — 16×16㎝ 사각 무스틀 1개

과일젤리

오베르뉴(Auvergne) 지방에서 유래된 과일젤리는 과일과 설탕, 그리고 황색펙틴 등의
응고제를 섞어서 만든다. 과일젤리의 풍미는 과일퓌레에서 나오기 때문에,
퓌레는 없어서는 안 될 중요한 재료이다. 따라서 라즈베리나 딸기, 망고, 살구, 모과, 자두 등과 같이
사용하는 과일퓌레에 따라 여러 가지 맛과 향의 콩피즈리를 만들 수 있다.

라즈베리 아몬드 젤리

라즈베리젤리

1_ 냄비에 라즈베리퓌레를 넣고 미지근하게 가열한다. 황색펙틴과 설탕 30g을 섞어 미지근한 라즈베리퓌레에 붓는다. 글루코오스를 넣는다.

2_ 끓기 시작하면 설탕 295g을 넣는다.

3_ 거품기로 계속 저으면서 조리용 온도계가 104℃가 될 때까지 끓인다.

4_ 104℃가 되면 불을 끄고, 주석산 용해액을 넣는다.

5_ 유산지를 깐 오븐팬에 틀을 놓고, 반죽을 붓는다. 상온에서 4시간 동안 그대로 두어 굳힌다.

6_ 파트 다망드를 아주 얇게 밀어 편다. 라즈베리젤리 바닥의 유산지를 떼어내고, 파트 다망드 위에 틀째로 올린다. 그대로 파트 다망드를 찍고, 여분의 파트 다망드를 잘라낸다.

7_ 틀 안쪽에 칼을 넣고, 가장자리를 따라 1바퀴 돌려 젤리를 틀에서 분리한다. 남은 파트 다망드는 둥글게 뭉친 뒤, 다시 밀대로 아주 얇게 밀어 펴서 라즈베리젤리 위에 얹는다. 여분의 파트 다망드는 다시 칼로 잘라낸다.

8_ 젤리를 너비 2㎝ 띠모양으로 자른 뒤, 다시 2×2㎝ 정사각형으로 자른다.

9_ 접시에 설탕을 조금 붓고, 젤리의 옆면 2군데에 설탕을 묻혀 완성한다.

SUCETTES
cassis-praliné
카시스 프랄리네
쉬세트

쉬세트 20개

작업 1시간 + 초콜릿 템퍼링 30분 — **냉장** 15분 — **굳히기** 1시간 — **보관** 밀폐용기에 1주일

난이도 ♧

카시스 프랄리네 반죽
밀크초콜릿 200g
카카오 70% 다크초콜릿 60g
카시스퓌레 120g
설탕 20g
펙틴 1작은술
프랄리네(가당 헤이즐넛페이스트) 180g
슈거파우더

코팅
카카오 70% 커버추어 다크초콜릿 400g

필요한 도구 나무막대 20개 — 초콜릿 전사지(초콜릿에 다양한 무늬를 입히는 판박이) 1장 – 지름 5㎝ 원형커터 1개

초콜릿 전사지

콩피즈리나 초콜릿 디저트를 마무리할 때 초콜릿 전사지를 사용하면
보다 프로페셔널한 느낌의 디저트를 만들 수 있다.
원하는 모양이나 무늬를 선택하여 다양하게 만들어보자.
전사지를 초콜릿 위에 가볍게 눌러 붙이고 굳힌 뒤, 떼어내기만 하면 완성.

카시스 프랄리네 반죽

1_ 준비한 2종류의 초콜릿을 잘게 부수어 볼에 담는다. 냄비에 카시스퓌레를 미지근하게 데운다. 설탕과 펙틴을 섞어 카시스퓌레에 붓는다.

2_ 설탕과 펙틴을 넣은 카시스퓌레를 몇 초만 살짝 끓여서 부수어놓은 초콜릿에 붓고 섞는다.

3_ 프랄리네를 넣고 섞은 뒤, 페이스트처럼 될 때까지 상온에 두고 차게 식힌다.

4_ 유산지에 슈거파우더를 뿌리고, 반죽을 둥글게 올린다. 다시 슈거파우더를 가볍게 뿌리고, 다른 유산지로 위를 덮는다.

5_ 밀대로 약 1㎝ 두께로 밀어 편다. 오븐팬에 올려 15분 냉장한다.

6_ 카시스 프랄리네 반죽을 원형커터로 20개 정도 찍어낸다.

7_ 나무막대를 1개씩 꽂는다.

코팅 & 장식

8_ 커버추어 다크초콜릿을 템퍼링(p.494~495 참조)하여 볼에 담는다. 작업대에 유산지를 깔고, 전사지를 6×6㎝ 크기로 잘라 정사각형 20개를 만든다.

9_ 쉬세트를 템퍼링한 다크초콜릿에 1개씩 담갔다가 꺼내서 잠시 들고 있는다. 여분의 초콜릿이 자연스럽게 흘러내리면 유산지에 놓고, 곧바로 잘라놓은 전사지를 얹는다. 상온에서 1시간 정도 굳힌다.

CARAMELS
framboise et spéculoos
라즈베리 스페퀼로스
캐러멜

캐러멜 40 개

작업 30분 — **굳히기** 12시간 — **보관** 밀폐용기에 1주일

난이도 ⬭⬭

라즈베리 스페퀼로스 캐러멜

스페퀼로스* 100g

생크림 360㎖

설탕 200g

글루코오스(포도당) 50g

베이킹소다 작게 1꼬집

트리몰린(전화당) 60g

라즈베리퓌레 160g

저염버터 30g

카카오버터 20g

대두레시틴 1꼬집

* 스페퀼로스(spéculoos)_ 로투스처럼
시나몬과 생강향이 나는 단맛의 바삭한 과자.

필요한 도구 조리용 온도계 1개 — 16×16㎝ 사각 무스틀 1개 — 지름 4㎝ 원형커터 1개

모양 커터

커터는 반죽을 원형, 사각형, 기하학적인 모양, 톱니모양 등의 특정한 모양으로 찍어내는 도구이다.
양철, 스테인리스, 플라스틱 등으로 만들며, 제과 분야에서 다양하게 사용된다.
비스퀴나 여러 디저트 종류를 어떤 모양으로든 만들 수 있다.

라즈베리 스페퀼로스 캐러멜

라즈베리 스페퀼로스 캐러멜

1_ 스페퀼로스를 빻아서 부순다.

2_ 큰 냄비에 생크림, 설탕, 글루코오스, 베이킹소다를 넣고, 조리용 온도계가 118℃가 될 때까지 실리콘스패튤러로 계속 저으면서 끓인다.

3_ 118℃가 되면 트리몰린을 넣는다. 계속해서 라즈베리퓌레를 넣고, 온도가 다시 118℃로 오를 때까지 젓는다.

4_ 버터, 카카오버터, 대두레시틴을 섞고, 바로 불에서 내린다.

5_ 부순 스페퀼로스를 넣는다.

6_ 유산지를 깐 오븐팬에 틀을 놓고, 반죽을 붓는다. 실리콘스패튤러로 고르게 편 뒤, 상온에서 12시간 굳힌다.

7_ 캐러멜이 굳으면 틀 안쪽에 칼을 넣고, 가장자리를 따라 1바퀴 돌려 캐러멜을 빼낸다.

8_ 너비 2㎝ 띠모양으로 2개를 자른 뒤, 길이 4㎝ 직사각형으로 자른다.

9_ 남은 캐러멜은 원형커터로 찍어낸다.

말차

구르망디즈

40 개

작업 30분 + 파트 쉬크레 15분 — **냉장** 3시간 + 파트 쉬크레 30분 — **가열** 10분 — **보관** 냉장 2일

난이도 ✿

화이트초콜릿 가나슈	파트 쉬크레
화이트초콜릿 270g	버터 80g
생크림 100㎖	슈거파우더 50g
버터 20g	소금 1꼬집
	밀가루 80g
말차 젤리	달걀 ½개(20g)
말찻가루 1작은술	
아가 ½작은술	**장식**
설탕 30g	라즈베리 40개
물 400㎖	슈거파우더
꿀 50g	

필요한 도구 1구 지름 4㎝ 원형 실리콘몰드 1개 — 지름 5㎝ 원형커터 1개 — 짤주머니 1개 — PF16 프티푸르용 깍지 1개

말차

중국에서 수입되는 말차는 찻잎을 말려서 곱게 갈아 가루로 만든 향이 풍부한 녹차이다.
다도로 유명한 일본에서 인기가 높은 말차는 보통 말찻가루에 완전히 끓지 않은 뜨거운 물을 붓고,
대나무로 만든 차선으로 잘 풀어서 표면에 가볍게 초록색 거품을 내서 마신다.

말차 구르망디즈

화이트초콜릿가나슈

1_ 화이트초콜릿을 중탕하여 녹인다. 생크림과 버터를 가열하여 끓으면 화이트초콜릿에 붓고, 고르게 잘 섞는다. 1시간 정도 냉장한다.

말차젤리

2_ 말찻가루, 아가, 설탕을 섞는다. 냄비에 물과 꿀을 붓고, 섞어놓은 가루재료를 넣는다.

3_ 거품기로 저으면서 끓인다.

4_ 볼에 옮겨서 미지근하게 식힌 뒤, 준비한 실리콘몰드에 가득 차도록 나누어 넣는다. 2시간 동안 냉장한다.

파트 쉬크레

5_ 오븐을 170℃(불세기 5~6)로 예열한다. 파트 쉬크레(p.488~489 참조)를 3㎜ 두께로 밀어 편 뒤, 원형커터로 찍는다. 유산지를 깐 오븐팬에 놓고, 10분 굽는다.

몽타주 & 장식

6_ 말차젤리를 몰드에서 빼내 구운 파트 쉬크레 위에 각각 얹는다.

7_ 화이트초콜릿가나슈를 휘저어 푼 뒤, 깍지를 낀 짤주머니에 담아 유산지 위에 장미모양으로 짠다.

8_ 라즈베리 위에 슈거파우더를 뿌린 뒤, 장미모양으로 짠 가나슈 위에 1개씩 얹는다.

9_ 라즈베리를 얹은 가나슈를 말차젤리 위에 올려 마무리한다.

CARAMELS
tarte au citron

레몬 타르트
캐러멜

캐러멜 약 40 개

작업 1시간 ― **굳히기** 12시간 ― **보관** 밀폐용기에 1주일

난이도 ⚐⚐

캐러멜
사블레 브르통 115g

생크림 300㎖

제스트용 레몬 1개

설탕 150g

꿀 50g

베이킹소다 1꼬집

서양배퓌레 60g

트리몰린(전화당) 50g

버터 25g

카카오 31% 화이트초콜릿 20g

필요한 도구 조리용 온도계 1개 ― 16×16㎝ 사각 무스틀 1개

레몬 타르트 캐러멜

레몬타르트의 상큼하고 새콤한 맛을 그대로 느낄 수 있는 캐러멜이다.

클래식한 프렌치 파티세리 방식으로 사블레 브르통과 레몬제스트 크림을 섞어 완벽한 맛을 냈고,

바삭한 퐁당과 쫀득한 캐러멜로 마무리하였다.

달콤한 디저트를 먹고 싶을 때 아주 잘 어울리는 디저트이다.

레몬 타르트 캐러멜

레몬 타르트 캐러멜

1_ 볼에 사블레 브르통을 넣고 빻아서 부순다.

2_ 냄비에 생크림을 붓고, 레몬제스트를 갈아 넣는다.

3_ 설탕, 꿀, 베이킹소다를 넣는다.

4_ 조리용 온도계가 118℃가 될 때까지 실리콘스패튤러로 저으면서 끓인다.

5_ 118℃가 되면 서양배퓌레와 트리몰린을 넣고, 온도가 다시 118℃로 오를 때까지 계속 저으면서 끓인다.

6_ 불에서 내려 버터, 화이트초콜릿, 부순 사블레 브르통을 넣고 섞는다.

7_ 유산지를 깐 오븐팬에 틀을 놓고, 반죽을 붓는다. 실리콘스패튤러로 고르게 편 뒤, 상온에서 12시간 굳힌다.

8_ 캐러멜이 굳으면 틀 안쪽에 칼을 넣고, 가장자리를 따라 1바퀴 돌려 캐러멜을 빼낸다.

9_ 너비 2㎝ 띠모양으로 자른 뒤, 길이 3㎝ 직사각형으로 자른다.

LES BASES
DE LA PÂTISSERIE

제과의 기초

도 구

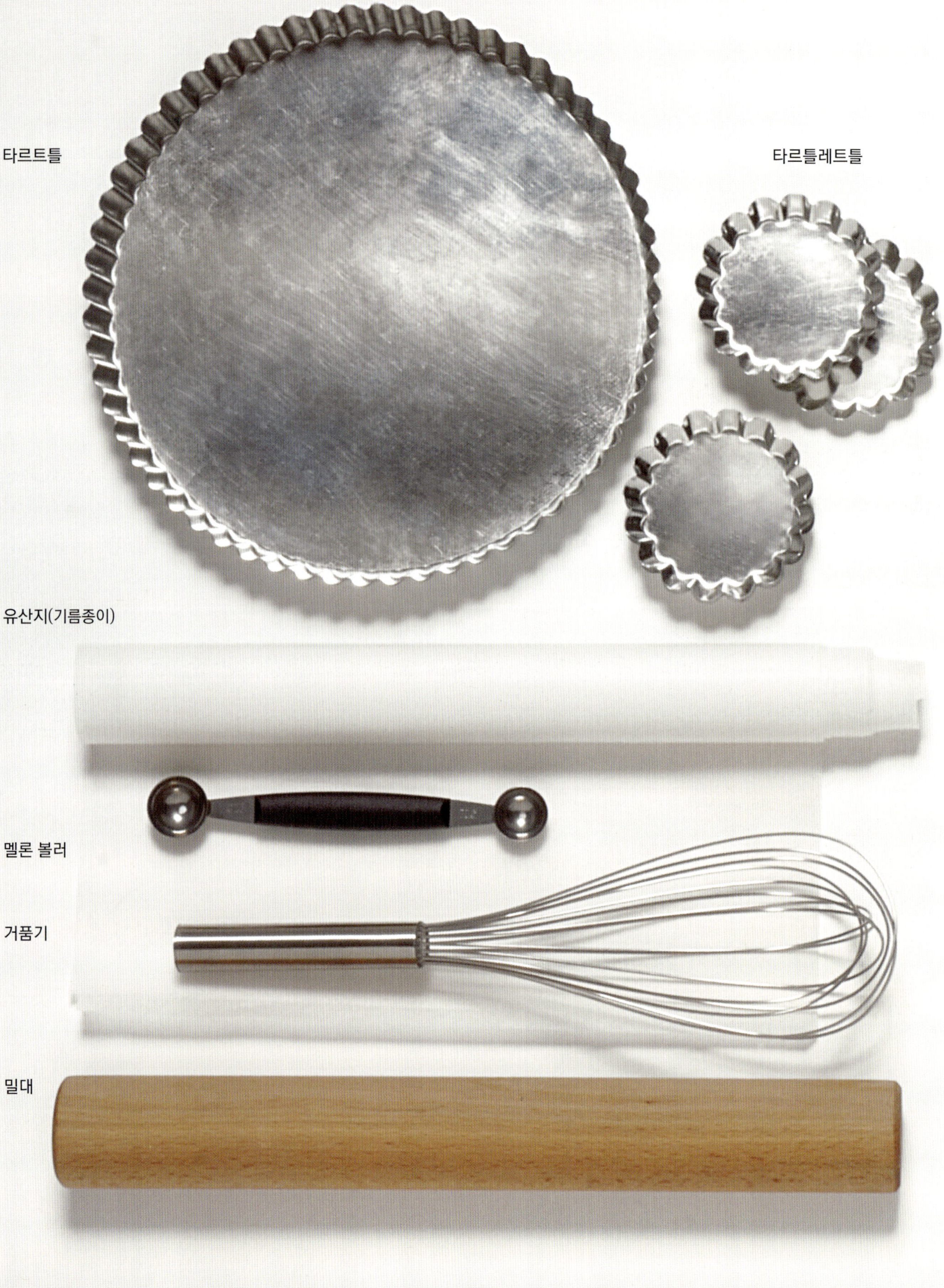

타르트틀

타르틀레트틀

유산지(기름종이)

멜론 볼러

거품기

밀대

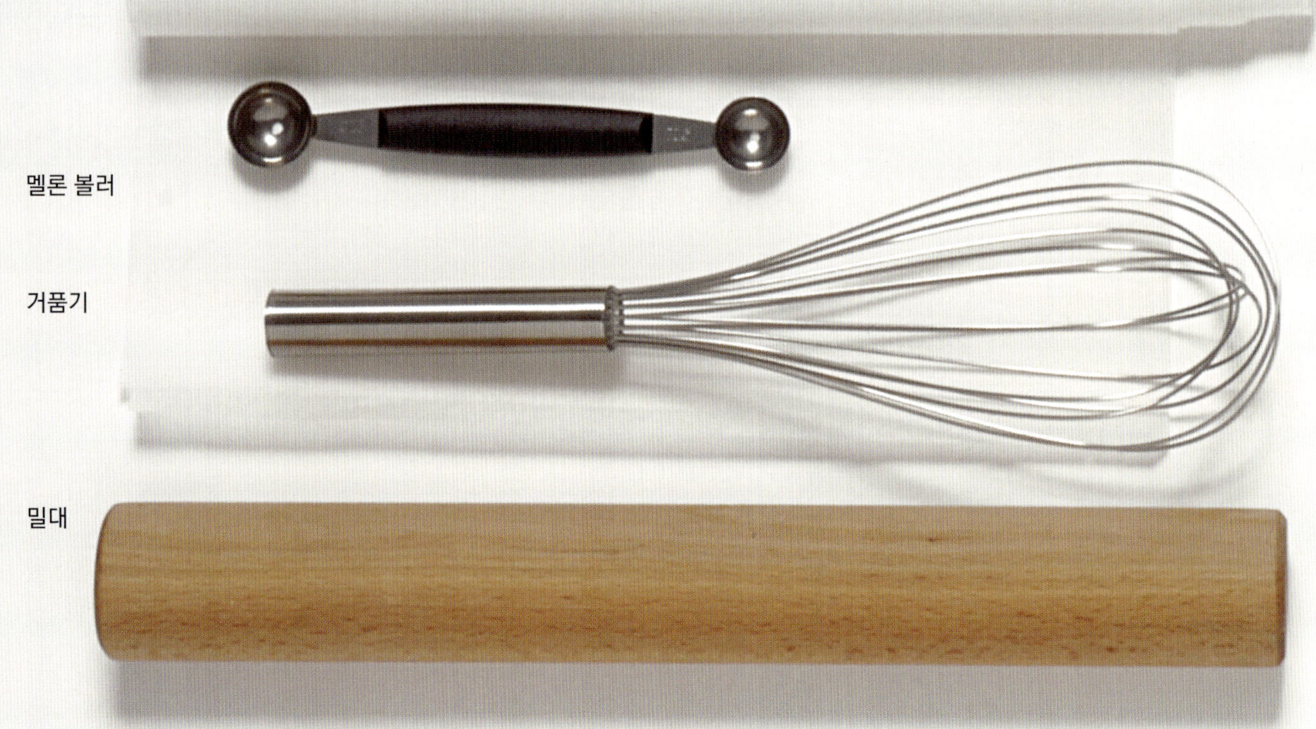

조리용 온도계
앙트르메세르클
원형커터
여러 종류의 깍지
짤주머니
실리콘스패튤러
나무스패튤러
금속스패튤러

재 료

바닐라빈
젤라틴
향신료
옥수수전분
에센스
달걀
커버추어초콜릿
버터

LES USTENSILES
de pâtisserie
제과 도구

거품기

반죽에 공기를 섞어 넣거나 휘핑하여 거품을 낼 때 사용한다. 사바용이나 크렘 샹티이, 머랭을 만들 때 등 제과에서 꼭 필요한 도구로, 용도에 따라 다양한 형태가 있다. 먼저, 머랭을 치거나 생크림을 휘핑하여 올릴 때 사용하는 '휘핑용 거품기'는 거품기의 철선이 굵고, 끝이 둥글기 때문에 반죽에 공기를 더 많이 모아둘 수 있다. '소스용 거품기'는 달걀을 휘저어 섞을 때 사용하는 것으로, 철선이 빳빳하고 억세며 휘핑용 거품기보다 긴 모양이어서 달걀이 응고되거나 엉기지 않으며, 소스를 풀 때 유용하다. 마지막으로 '전동거품기'는 요즈음 가장 많이 사용하는 유형으로, 휘핑 속도가 여러 단계이고 모든 종류의 반죽에 간편하게 사용할 수 있다.

실리콘 또는 나무스패튤러

스패튤러는 재료를 부드럽게 섞는 도구로, 머랭이나 휘핑한 크림의 거품이 꺼지지 않도록 반죽과 부드럽게 섞는 역할을 한다. 또한 그릇에 담긴 반죽을 깨끗하게 긁어내거나, 반죽을 몰드와 짤주머니 등에 옮겨 담을 때 사용하기도 한다. 용도에 따라 여러 종류가 있다. 먼저, 반죽의 볼륨을 살리면서 섞거나 볼 바닥을 부드럽게 긁을 때 사용하는 실리콘스패튤러가 있는데, 손잡이가 길고 음식이 닿는 부분은 모서리가 둥근 직사각형이며 실리콘으로 되어 있다. 재료를 간단하게 섞거나 반죽을 전체적으로 뒤적여서 섞을 때는 더 단단한 나무스패튤러가 사용하기 편하다. 전문가들이 많이 사용하는 삼각스패튤러, 액소글래스(매트퍼사에서 개발한 내열 플라스틱) 스패튤러, 날 형태의 일자스패튤러 등은 제품에 나파주나 글라사주를 바르기에 알맞다.

타르트와 앙트르메용 세르클

타르트와 앙트르메용 세르클은 보통 스테인리스 소재로 바닥이 없으며, 높이와 지름이 다양하다. 일반인들은 세르클보다 틀을 편하게 사용하지만, 전문가들은 세르클을 훨씬 더 선호한다. 왜냐하면 앙트르메를 완벽하게 몽타주할 수 있고, 제품을 틀에서 빼는 것도 훨씬 쉽기 때문이다. 실제로 세르클을 사용하면 작업 중에 제품을 망칠 위험이 거의 없다.

모양 커터

금속 또는 플라스틱 소재로 된 모양 커터는 반죽을 원하는 모양으로 찍거나 자르기 위한 도구이다. 다양한 크기와 모양이 있다.

사각 무스틀

타르트나 앙트르메용 세르클의 직사각형 또는 정사각형 버전이다. 스테인리스 소재로 바닥이 없기 때문에 주로 타르트나 제누아즈를 구울 때, 또는 앙트르메를 깔끔하고 깨끗하게 완성하고 싶을 때 사용한다. 무엇보다 원하는 양과 레시피에 따라 틀의 개수를 조절할 수 있는 이점이 있다. 또한 바닥이 있는 틀보다 제품을 빼내기도 쉽기 때문에 완성 단계에서 제품을 망칠 위험이 적다.

짤주머니

깍지를 끼울 수 있는 원뿔모양의 주머니로, 케이크를 장식하거나 필링을 채울 때 사용한다. 실리콘이나 폴리우레탄 또는 플라스틱 등 여러 가지 소재로 되어 있다. 경우에 따라서는 유산지를 작게 원뿔모양으로 접어 만든 코르네(cornet)를 짤주머니 대신 사용할 수도 있다. 짤주머니를 사용하는 방법은 간단하며, 자주 사용하다보면 자연스레 요령이 생긴다. 정확한 방법은 짤주머니에 스패튤러로 내용물을 채워 넣고, 짤 때 내용물이 밖으로 새어나오지 않도록 윗부분을 잘 막는다. 그리고 아래쪽 깍지에서 내용물이 나오도록 힘주어 밀어 내린다.

다양한 깍지

깍지는 제과에서 빼놓을 수 없는 도구로, 짤주머니 끝에 끼워서 내용물을 모양 있게 짜거나 케이크를 장식할 때 사용한다. 잎, 꽃 등의 다양한 모양이 있고, 톱니, 원형 등의 클래식한 모양도 있다. 폴리카보네이트나 스테인리스 등으로 만들며, 원하는 모양을 골라서 사용하면 된다. 가장 많이 사용하는 깍지는 원형과 톱니모양, 생토노레용 깍지이며, 마찬가지로 크기가 다양하다. 원형깍지는 장식을 하거나 필링을 채워 넣을 때 사용하고, 끝이 톱니로 된 톱니모양의 깍지(별깍지)는 장식하거나 머랭을 짤 때 사용한다. 끝이 V자모양으로 깊게 파인 생토노레깍지는 를리지외즈나 생토노레처럼 크렘 샹티이가 올라가는 디저트를 장식할 때 안성맞춤이다.

유산지와 실리콘매트

유산지를 사용하면 오븐팬에 기름칠을 하지 않고 많은 양의 반죽을 손쉽게 구울 수 있다. 방수가 되고 열에 잘 견디기 때문에 매우 유용하다. 주로 전문가들만 사용하던 실리콘매트도 요즘은 많이 대중화되었다. 실리콘매트로 가장 유명한 회사의 제품명을 따라 흔히 '실팻(Silpat)'이라고도 하며, 바닥에 잘 달라붙는 반죽이나 머랭, 마카롱을 구울 때 사용한다.

밀대

반죽을 밀어서 펴는 도구이다. 나무로 만든 밀대가 가장 일반적으로 사용되지만, 실리콘 또는 플라스틱, 금속 재질도 있다. 파트 푀유테, 파트 브리제, 파트 사블레, 파트 쉬크레 등의 기본반죽을 성형할 때 없어서는 안 되는 도구이며, 제과제빵을 할 때 반드시 필요한 준비물이다. 참고로 반죽이 밀대에 붙지 않게 밀가루를 묻혀서 사용하는 것이 좋다.

브러시

제품을 마무리할 때 사용한다. 나파주나 달걀물을 바를 때 또는 장식할 때 사용하며, 다양한 크기가 있다. 돼지털, 합성섬유, 실리콘(기름을 바를 때 특히 유용하다) 등 다양한 재질의 제품이 있다. 사용법도 매우 간단해서, 브러시에 적당량을 찍어 제품 표면에 바르면 된다. 깔끔하고 매끄럽게 마무리하고 싶다면 지나치게 많이 바르지 않도록 주의한다.

멜론 볼러

동그랗게 움푹 파인 모양으로, 과일이나 채소(예를 들어 멜론이나 수박 등)를 둥근 구슬모양으로 뜰 때 사용한다. 프랑스에서는 예전부터 폼 파리지엔느(동그랗게 파낸 감자를 올리브오일에 노릇하게 구운 것), 폼 누아제트(동그랗게 파낸 감자를 버터에 노릇하게 구운 것)를 만들 때 이 스푼을 사용했기 때문에 프랑스어로 감자를 가리키는 '폼 드 테르(pomme de terre)'에서 '폼(pomme)'을 가져와 '퀴이에르 아 폼 파리지엔느(Cuillère à pomme parisienne, 폼 파리지엔느 스푼)'이라 부른다. 사용방법은 간단해서 과육에 스푼을 넣고 힘을 주어 스푼의 동그란 모양대로 파내면 된다.

조리용 온도계

요리와 정밀한 제과작업에서 꼭 필요한 조리용 온도계는 조
리 도중이나, 완성된 음식의 온도를 정확하게 확인할 수 있
다. 파트 아 봉브(Pâte à Bombe, 달걀노른자를 끓인 시럽과 섞
어서 거품을 올린 크림), 캐러멜, 젤리를 만들 때 많이 사용하
며, 온도측정 바늘이 있는 것이 사용하기에 편리하다.

무스띠

쓰임새가 다양해서 크림이나 무스를 앙트르메세르클에 담기
전 세르클에 두르기도 하고, 초콜릿 장식을 할 때 무스띠에
밀어 펴서 굳히면 초콜릿이 매끈해지고 깔끔하게 잘 떨어진
다. 로도이드(Rhodoïd)는 무스띠를 만드는 가장 유명한 회사
의 상표로, 제과업계에서는 흔히 무스띠가 이 이름으로 통용
된다. 다양한 크기와 단위가 있으며, 일반적으로 둘둘 말린
롤 단위로 판매된다.

LES INGRÉDIENTS
de pâtisserie

제과 재료

곡물가루(밀가루)

곡물을 곱게 빻은 가루. 제과에서는 디저트, 빵, 비엔누아즈리(페이스트리 종류) 등을 만드는 밀가루를 가장 많이 사용한다. 밀가루는 도정한 정도에 따라 여러 종류로 나뉘는데, 프랑스에서는 T 다음의 숫자가 높을수록 밀껍질이 많이 함유되어 있다는 뜻이다. 껍질을 많이 제거한 T45(박력분)가 제과에서 가장 많이 쓰이고, T55(중력분)는 다목적용이지만 주로 빵에 많이 쓰인다. 요즈음에는 글루텐프리 가루가 유행인데, 쌀가루, 밤가루, 병아리콩가루, 옥수숫가루 등이 있다. 이 가루들은 글루텐이 없어서 반죽을 부풀릴 수 없기 때문에 빵을 만들 수 없다. 주로 밀가루와 섞어서 쓰거나, 글루텐프리 제품을 만들 때 사용한다.

우유

젖에는 종류가 많지만, 여기서는 소젖 즉 우유에 대해 알아보자. 제과에서 많이 쓰는 우유는 물, 지방, 젖당, 카세인, 미네랄 등의 영양성분이 매우 풍부하다. 우유는 지방함량에 따라 전지우유, 저지방우유, 무지방우유로 나눌 수 있다. 프랑스에서는 우유의 뚜껑 색깔에 따라 빨간색은 전지우유, 파란색은 저지방우유, 초록색은 무지방우유로 구분한다. 살균법은 72~85℃에서 20초 가열하는 저온살균, 115℃에서 15~20분 가열하는 가열살균, 140~150℃에서 수초 가열하는 초고온(UHT)살균법 등이 있으며, 이렇게 살균한 우유는 최소 7일~최고 150일까지 보관할 수 있다.

크림

크림은 우유를 원심분리기에서 빠른 속도로 회전시켜 추출한다. 이때 크림은 원심분리기의 위쪽에 떠 있고, 우유와 유청은 아래로 가라앉는다. 크림은 보존처리과정, 지방함량, 질감의 3가지 기준으로 분류한다. 먼저 보존처리과정에 따른 분류에서는 우유와 마찬가지로 저온살균, 가열살균, UHT살균으로 나눈다. 질감에 따라 분류할 때는 흐르는 액체 같은 크림, 중간 정도의 되직한 크림, 되직한 크림으로 나눈다. 참고로, 크림을 휘핑했을 때 볼륨이 만들어지려면 지방함량이 35% 이상이어야 한다.

설탕과 슈거파우더

달콤한 맛의 설탕은 사탕무 또는 사탕수수로 만든다. 생산방식에 따라 갈색설탕, 황설탕, 카소나드(cassonade, 부분정제 갈색설탕), 베르주아즈(vergeoise, 사탕무로 만드는 설탕. 다른 말로 '첨채당'이라 한다), 얼음설탕(sucre candi. 속이 투명한 굵은 결정의 설탕), 슈거파우더 등으로 구별되며, 각각 특별한 색과 맛이 있다. 제과에서 가장 많이 사용하는 슈거파우더는 설탕을 더 곱게 빻아 만든 것으로, 뭉치는 것을 막기 위해 보통 전분을 섞거나 실리카겔(제습제)을 넣어 판매한다.

버터

버터는 우유의 지방으로 만든다. 프랑스에서는 '버터'의 기준이 명확한데, 지방은 최소 82%(가염버터의 경우 80%), 물은 최대 16%, 무기질은 2% 들어 있어야 한다. 일반적으로 노란색을 띠지만, 사용하는 우유에 따라 좀 더 흰빛을 띠기도 한다. 버터의 한 종류인 드라이버터(또는 파이버터)는 일반 버터에 비해 수분이 적고 지방함량이 많으며, 제과제빵에서 많이 사용한다. 지방이 최소 84% 이상이고 단단하기 때

473

문에 기온이 높은 곳에서도 쉽게 녹지 않아 작업하기 쉽다. 특히, 가소성(외부의 힘에 의해 형태가 변한 물체가 그 힘이 없어져도 원래 형태로 돌아오지 않는 성질)이 뛰어나서 파이반죽과 크루아상, 팽오쇼콜라 같은 비엔누아즈리를 만들기에 안성맞춤이다.

달걀

칼로리는 적으면서 단백질의 원천인 달걀 또한 제과에서 빠질 수 없는 재료이다. 일반적으로 달걀은 반죽을 엉기게 하는 역할을 하지만, 제과에서는 흰자와 노른자의 용도를 명확히 구분하여 사용해야 한다. 노른자는 가열하면 되직해지기 때문에 주로 크림을 만드는 데 사용하고, 공기를 주입하여 유화제 역할도 하며, 케이크 반죽에 넣으면 부드러워진다. 흰자는 반죽 모양을 잡아주고, 반죽이나 무스에 넣었을 때 질감을 가볍게 한다.

바닐라

아즈텍문명부터 재배되어온 바닐라는 멕시코가 원산지이며, 제과의 대표적 향신료이다. 오늘날은 마다가스카르, 레위니옹, 모리셔스 등 인도양의 여러 섬에서 재배된다. 바닐라는 다양한 형태로 시판되며, 레시피에 따라 사용법도 다르다. 바닐라빈은 길게 갈라서 속을 긁어 사용한다. 바닐라파우더는 말린 바닐라빈을 곱게 갈아서 만든 것이고(종종 설탕을 첨가한 것도 있다), 바닐라 엑스트랙트(액체 또는 건조)는 바닐라빈을 알코올에 절여두었다가 걸러서 설탕시럽에 넣고 우린 것을 말한다.

커버추어초콜릿

커버추어초콜릿은 파티시에와 쇼콜라티에가 사용하는 고품질의 초콜릿이다. 다크와 밀크가 있으며, 카카오버터가 최소 32% 이상 함유되어 있기 때문에 금방 녹는 것이 특징이다. 이 때문에 초콜릿 장식이나 봉봉을 만들 때 템퍼링 작업을 한 뒤에 사용한다. 참고로, 초콜릿 템퍼링은 지방을 결정화하기 때문에 초콜릿 표면을 깨끗하고 윤기 나게 만든다.

베이킹파우더

염기성 물질과 산화제, 안정제로 구성된 베이킹파우더는 가루 형태이며, 빵이나 과자를 부풀리는 역할을 한다. 이때 열과 습기가 필요한데, 반죽을 하면서 베이킹파우더가 습기와 결합하고, 오븐에서 이산화탄소를 만들어 반죽을 크게 부풀린다. 이런 과정을 통해 빵이나 과자가 부풀고 가벼운 질감이 된다. 보통은 밀가루와 베이킹파우더를 함께 체에 쳐서 반죽에 섞는데, 레시피의 정해진 양을 반드시 지키도록 한다. 베이킹파우더를 지나치게 많이 넣으면 심하게 부풀기 때문에 보기에도 좋지 않고 쓴맛이 난다.

옥수수전분

옥수수전분은 옥수수의 녹말에서 추출한 것이다. 가끔 옥수숫가루와 혼동하기도 하는데, 구성성분이 완전히 다르다. 옥수숫가루는 곡물인 옥수수를 빻은 것이지만, 옥수수전분은 녹말만 함유하고 있어 입자가 매우 곱다. 제과에서 반죽이나 크림을 되직하게 만들 때 사용하며, 케이크를 만들 때 사용하면 포슬포슬하고 식감이 가벼워진다.

감자전분

감자전분은 건조시킨 감자를 갈아서 만든 고운 하얀 가루이다. 주로 반죽을 되직하게 만들 때 사용하는데, 제과에서는 디저트의 질감을 가볍게 하거나 부드럽게 만들고 싶을 때 사용한다. 또한 부드럽고 녹진한 크렘 파티시에를 만들 때 넣기도 한다. 글루텐이 없어서 발효가 일어나지 않기 때문에 이것만으로는 빵을 만들 수 없다.

이스트

유기 미생물인 '사카로미세스 세레비시아(*Saccharomyces cerevisiae*)'의 하나 또는 여러 균주로부터 만들어졌다. 베이킹파우더와 달리 살아 있는 유기체로 자가발효를 한다. 바게트, 비엔누아즈리, 브리오슈 등을 만들 때 사용하며(반죽을 부풀게 한다), 형태는 생이스트(큐브모양 또는 부스러지거나 액체형태)와 건조이스트(활성 또는 인스턴트)로 나뉜다. 효모는 밀가루에 들어 있는 당을 먹이로 하여 화학작용을 하는데, 여기에는 열이 굳이 필요하지 않아 반죽을 상온에 두는 것만으로도 충분히 발효된다. 발효에는 2~3시간 정도 시간이 필요하다. 주의할 점은 소금과 직접 섞지 않는다는 것이다. 소금은 이스트 속 살아있는 유기생물을 죽이기 때문에 소금과 직접 섞으면 반죽이 부풀지 않는다.

아몬드가루

아몬드가루는 이름 그대로 통아몬드를 빻은 가루이다. 제과에서는 반죽, 타르트, 피낭시에, 마카롱, 파트 다망드 등에 여러 가지 목적으로 사용된다. 마카롱, 프랑지판, 피낭시에를 만들 때 가장 중요한 재료이며, 케이크나 크림, 블랑망제 등을 만들 때 향을 내는 최적의 재료이다. 특히, 아몬드가루는 과일에서 나오는 여분의 즙과 습기를 빨아들이기 때문에 타르트를 만들 때 타르트지를 바삭하게 유지시켜준다.

헤이즐넛가루

헤이즐넛을 구워서 빻은 헤이즐넛가루는 마카롱, 쿠키, 가나슈, 타르트지 등의 반죽에 향을 낼 때 사용한다. 가루를 좀 더 곱게 빻아서 헤이즐넛페이스트를 만들 때 사용하기도 하는데, 이는 남녀노소 누구나 좋아하는 초콜릿 스프레드(누텔라)의 기본 베이스가 된다. 한편, 헤이즐넛기름을 완전히 짜낸 가루도 있으므로, 통헤이즐넛을 빻은 가루와 혼동하지 않도록 한다. 2가지 가루는 쓰임도 다르다.

카카오파우더

카카오파우더는 카카오 열매의 씨앗에서 얻는다. 먼저 씨앗을 발효시키고, 한 번 구워서 쓴맛을 없앤다. 차게 식혀서 곱게 부수어 빻으면 카카오페이스트가 되는데, 페이스트 속 지방성분이 카카오버터이다. 지방을 빼낸 나머지를 곱게 빻아서 체에 치면 카카오파우더가 된다. 카카오파우더는 제과에서 다양하게 사용하는데, 디저트에 넣어 카카오 특유의 풍미를 내거나, 뜨거운 우유에 녹여 코코아를 만들기도 한다.

아가(Agar)

아가는 홍조류에서 추출한 재료로 제품을 젤화시키며, 가루형태로 판매된다. 알칼리성으로 무취무미이고, 식물성으로 돼지 또는 소에서 추출하는 젤라틴을 대체할 수 있는 좋은 재료이다. 젤화시키는 힘이 젤라틴보다 8배나 강하므로 주의해서 사용해야 한다. 먼저 차가운 액체 재료에 아가를 풀고, 10~30초 끓여서 제품에 넣는다. 아가를 넣으면 매우 단단해지고 표면이 갈라질 수 있기 때문에 사용하기 전 심사숙고해야 한다. 아가를 넣어 만드는 디저트를 좀 더 부드럽게 만들고 싶다면 생크림, 콩포트, 생치즈 등을 추가로 넣는다.

펙틴과 황색펙틴

사과, 자두, 모과, 레드커런트 등에서 추출한 식물성 펙틴은 안정제로 사용하거나 제품을 젤화시킬 때, 되직하게 만들 때 사용한다. 펙틴에는 NH펙틴, 황색펙틴 등이 있는데, NH펙틴은 당과 산을 만났을 때 작용하여 제품을 단단하고 윤기 있게 만든다. 그래서 NH펙틴을 사용한 나파주는 재사용이 가능한데, 굳혔다 열을 가해 녹이는 과정을 여러 번 반복해도 질이 나빠지지 않는다. 황색펙틴 역시 당과 산을 만났을 때 반응하며 천천히 굳는데, 한번 굳으면 재사용할 수 없다. 젤리나 잼, 콩피즈리(confiserie, 단과자) 등에 사용하면 좋다.

글루코오스

글루코오스(포도당)는 옥수수전분, 감자전분에서 추출한 당을 말한다. 여러 제과제품에 사용되지만 일반적인 제품이 아닌 전문적인 제품에 주로 사용되며, 일반 설탕에 비해 단맛은 4배 정도 강하지만 칼로리는 같다. 무색의 아주 되직한 질감으로, 아이스크림에 넣어 텍스처를 개선하거나 안정제로 쓴다. 제과에서는 시럽형태로 사용하고 결정화를 막거나 보존제로 사용하는데, 설탕의 결정화뿐만 아니라 아이스크림처럼 낮은 온도에서 제품이 어는 결정화도 막는다. 또한 너무 부드럽거나 무른 질감을 개선하고, 보존하는 등 다양하게 활용된다. 글루코오스는 가열해서 사용하면 녹아서 어떤 재료에나 잘 섞이지만, 가열하지 않는 경우에는 먼저 액체 재료에 잘 녹여서 사용한다.

젤라틴

돼지, 생선, 소의 껍질과 뼈같이 콜라겐이 풍부한 물질을 가수분해시켜 얻는 것으로, 제품을 젤화할 때 사용한다. 무색, 무취, 무미로 제과와 요리 등에 다양하게 사용하며, 제품을 부드럽고 연한 크림처럼 만들어준다. 판젤라틴 형태로 많이 사용하는데, 먼저 찬물에 담가 10분 동안 불리고, 따뜻한 액체에 넣어 녹여서 쓴다. 이때 액체가 끓지 않도록 주의한다. 끓는 온도에서는 젤라틴이 젤화시키는 능력을 잃는다. 제품을 만들 때 가열하는 과정이 없다면, 가열한 약간의 액체에 판젤라틴을 녹여서 반죽에 넣고 섞는다. 주의할 점은 키위나 파인애플, 파파야 등과 같이 산이 있는 과일은 효소를 함유하고 있어 젤라틴 능력을 약화시키므로 끓는 물에 한 번 데쳐서 사용하는 것이 좋다.

식용색소

제품의 색을 자연스러우면서 좀 더 강하게 또는 밝게 만들어 사람들의 눈을 사로잡는 역할을 한다. 색소는 크게 수용성과 지용성 2가지로 나뉜다. 수용성 색소는 물에 녹여서 사용하는 것으로 마카롱, 크림, 케이크, 파트 다망드 등에 사용하면 좋다. 반면에 지용성 색소는 지방에 녹여서 사용하는 것으로, 초콜릿, 버터, 나파주 등에 사용하면 좋다. 색소는 액체, 젤, 가루 등 다양한 형태가 있는데, 액체 색소는 달걀이 기본이 되는 반죽에 사용하지 않도록 주의한다. 왜냐하면 반죽을 액화시켜 볼륨이 꺼지기 때문이다. 젤형태의 색소는 색이 강하게 농축된 것으로, 선명한 색을 내고 싶을 때 사용하면 좋다. 게다가 반죽의 성질과 상태에 어떠한 영향도 주지 않는다. 가루 색소는 조금씩 타서 쓰는데, 특히 마카롱에 색을 낼 때 사용하면 아주 좋다.

골드파우더

반짝이고 빛나는 효과를 주기에 안성맞춤인 식용 골드파우더를 제품에 사용하면 전문적인 느낌을 준다. 예전에는 전문 점에서만 구입할 수 있었지만, 요즈음에는 일반 소매점이나 인터넷에서도 볼 수 있다. 사용법은 간단하다. 물을 묻힌 브러시로 골드파우더를 찍어 디저트 표면에 바른다. 마지막 단계에서 골드파우더를 더해야 훨씬 아름다운 제품이 된다. 제품의 반죽단계에서 넣거나 크림에 넣으면 반짝이는 효과가 고르게 나지 않고, 굽고 나면 빛나는 느낌을 전혀 찾아볼 수 없다. 마카롱, 초콜릿타르트, 뷔슈 등을 만들어 마지막에 골드파우더를 더하거나, 접시를 꾸미는 데 사용하는 것이 좋다.

나파주

물, 설탕, 글루코오스, 젤화제(펙틴 또는 젤라틴)를 섞어 매우 간단하게 만들 수 있으며, 타르트나 앙트르메 같은 디저트에 바르면 매끄러우면서 빛이 난다. 색깔이나 향이 두드러지지 않아 부담 없이 제품의 마무리에 사용할 수 있고, 브러시로 제품 표면에 바르면 바로 전문적인 느낌이 나고 아름다운 모양이 된다.

퐁당

설탕, 물, 글루코오스를 섞어서 만든다. 밀푀유, 슈, 를리지외즈, 에클레어 같은 디저트와 앙트르메, 케이크 등에 사용한다. 먼저 설탕과 물, 글루코오스를 114~116℃로 끓이고, 75℃로 식히면서 스패튤러로 치대어 균일하게 반죽한다. 완성된 퐁당은 불투명한 흰색을 띠며, 사용하기 전에 일반적으로 3일 정도 냉장고에서 숙성시킨다. 제품에 따라 원하는 색을 얼마든지 낼 수 있다.

카카오버터

카카오파우더를 만들 때 카카오페이스트에서 나오는 지방 덩어리를 카카오버터라고 한다. 카카오버터는 상온에서 고체이며, 녹는점은 35~37℃로 다소 낮다. 카카오버터는 가루, 액체, 덩어리 등 다양한 형태가 있다. 맛은 거의 느껴지지 않지만 가벼운 코코아향이 있으며, 음식 재료로 사용할 뿐만 아니라 약으로, 또는 화장품에도 사용한다. 제과에서는 초콜릿을 만들 배 넣거나, 타르드지를 구울 때 틀에 비르는 등 다양하게 사용한다. 특히, 반죽에 방수성을 주기 때문에 과일이나 필링 때문에 반죽이 축축해지는 것을 막아준다. 공기에 노출되지만 않으면 2년 정도 보관이 가능하다.

전화당(트리몰린)

전화당, 다른 이름으로 트리몰린(Trimoline)은 설탕보다 약 25% 더 강한 단맛을 가진 감미료이다. 수크로오스(sucrose, 자당)를 가수분해하여 얻은 글루코오스와 프룩토오스(fructose, 과당)를 같은 비율로 섞은 혼합물이다. 전문가부터 아마추어까지 폭넓게 사용하며, 제품이 마르는 것을 막아준

다. 반죽에서 설탕의 결정화를 막아주기 때문에 발효나 색을
개선하고, 맛을 한층 더 끌어올리기도 한다. 또한 굽는 조리
시간을 단축시켜 제품의 속이 더 촉촉해지며, 아이스크림과
셔벗을 만들 때 제품의 안정화에도 도움이 된다. 액체 또는
페이스트 형태로 판매하며, 전문점이나 인터넷에서 구할 수
있다.

LA CRÈME PÂTISSIÈRE
크렘 파티시에

작업 30분 ― **냉장** 30분

약 500g

우유 370㎖
버터 25g
달걀노른자 3개(70g)
설탕 80g
밀가루 20g
옥수수전분 25g

※ 레시피에 따라 재료의 양을 가감.

전통적으로 크렘 파티시에는 바닐라를 우유에 우려내서 만들지만, 때로는 과일퓌레나 코코넛밀크, 과일즙 등에 우려서 다양한 향을 내기도 한다. 또는 완성된 크렘 파티시에에 프랄리네, 커피, 초콜릿을 섞어 풍미를 내기도 한다.

만드는 방법은 크렘 앙글레즈와 비슷하지만, 가열하는 시간이 더 길다. 가장 큰 차이점은 크렘 파티시에는 밀가루나 전분을 넣고, 반드시 끓여야 한다는 것이다. 그래야 크렘 파티시에 고유의 질감이 된다.

크렘 파티시에는 제과에서 가장 많이 사용하는 것으로 앙트르메를 몽타주할 때 하나의 구성물이 되거나(그대로 넣거나, 버터 또는 휘핑한 크림과 섞어 넣는다), 프랑지판을 만들 때 또는 슈(에클레어나 를리지외즈)의 필링으로 사용한다. 수플레의 기본 반죽이 되기도 한다.

CHEF'S TIP

전분이나 밀가루가 덩어리지지 않게 하려면 가열할 때 크림을 계속 저어야 한다. 또, 크림이 타기 쉬우므로 크고 바닥이 두꺼운 냄비를 사용하는 것이 좋으며, 바닥부터 골고루 섞으면서 젓는다.

① 냄비에 우유와 버터를 넣고 가열하여 끓으면 불에서 내린다.

② 달걀노른자와 설탕을 볼에 넣고, 하얗고 되직해질 때까지 휘핑한다.

③ 밀가루와 옥수수전분을 넣고, 거품기로 섞는다.

④ 뜨겁게 끓인 우유를 ⅓만 넣고, 거품기로 계속 저으면서 섞는다.

⑤ 볼에 섞어놓은 것을 뜨거운 우유가 담긴 냄비에 모두 붓고, 크림이 되직해질 때까지 거품기로 계속 저으면서 천천히 끓인다. 1분 정도 끓이고, 바로 불에서 내린다.

⑥ 완성된 크렘 파티시에는 스패튤러로 깨끗이 긁어 새로운 볼에 옮겨 담고 식힌다.

크렘 앙글레즈

작업 15분

약 500㎖

우유 350㎖
바닐라빈 ⅓개
달걀노른자 4개(80g)
설탕 85g

※ 레시피에 따라 재료의 양을 가감.

크렘 파티시에와 마찬가지로 크렘 앙글레즈도 우유와 달걀노른자, 설탕으로 만들지만, 전분이나 밀가루는 넣지 않는다.

만드는 방법은 조금 까다로워서, 반죽 특히 달걀노른자가 익지 않도록 나무스패튤러로 계속 저으면서 끓인다. 스패튤러에 얇은 막이 씌워지면 완성이다.

전통적인 크렘 앙글레즈는 바닐라를 우유에 우려서 만든다. 하지만 완성된 크렘 앙글레즈에 초콜릿이나 커피, 프랄리네, 피스타치오 등의 여러 풍미를 더하기도 한다.

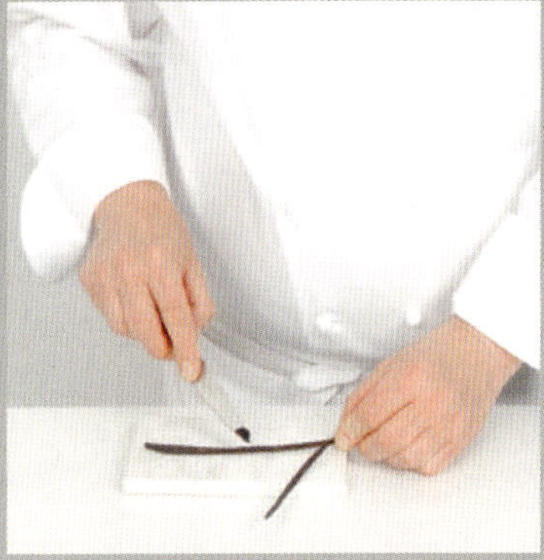

① 바닐라빈을 길게 갈라서 칼로 속을 긁어낸다.

② 달걀노른자와 설탕을 볼에 담고, 하얗고 되직해질 때까지 휘핑한다.

③ 우유, 바닐라빈과 긁어낸 속을 모두 냄비에 넣고 끓인다.

④ 설탕과 함께 휘핑한 달걀노른자에 뜨거운 우유를 ⅓만 넣고, 거품기로 힘차게 휘핑한다.

⑤ 볼에 섞은 것을 뜨거운 우유가 담긴 냄비에 옮겨 붓고, 약불에서 스패튤러로 천천히 저으면서 익힌다. 스패튤러에 얇은 막이 씌워지고, 막을 손가락으로 그었을 때 깨끗하게 닦이면 완성이다.

⑥ 완성된 크렘 앙글레즈는 볼에 담아서 차게 식힌 뒤, 냉장보관한다.

LA CRÈME CHANTILLY

크렘 샹티이

작업 10분

500g

생크림 500㎖
슈거파우더 50g
바닐라빈 1개

※ 레시피에 따라 재료의 양을 가감.

모두가 좋아하는 크렘 샹티이는 만들기 쉽고, 여러 가지 디저트를 훌륭하게 장식할 수 있다.

성공 비결은, 생크림을 냉장고에 미리 넣어두어 차갑게 만드는 것이다. 또한, 지방이 35% 이상 함유된 생크림을 준비해야 한다. 그렇지 않으면 생크림을 휘핑했을 때 볼륨이 생기지 않는다.

전통적인 크렘 샹티이는 바닐라향을 넣지만, 최근에는 초콜릿, 커피, 피스타치오 등을 넣어 다양한 풍미를 내기도 한다.

CHEF'S TIP

만약 바닐라빈이 없다면, 바닐라엑스트랙트 또는 바닐라파우더를 사용해도 좋다. 이때 바닐라엑스트랙트는 농축된 형태로 많이 넣으면 쓴맛이 나므로 지나치게 사용하지 않도록 주의한다.

1 볼에 담아놓은 생크림을 되직해질 때까지 휘핑한다.

2 슈거파우더와 바닐라빈의 속을 긁어 넣고, 계속 힘차게 휘핑한다. 거품기 끝에 단단한 뿔모양이 만들어지면 완성이다.

파트 아 슈

작업 15분

500g

우유 170㎖
버터 70g
설탕 7g
고운 소금 ½작은술
밀가루 100g
달걀 3개(150g)

※ 레시피에 따라 재료의 양을 가감.

파트 아 슈는 정통 프렌치 파티세리인 슈크림, 에클레어, 슈케트, 룰리지외즈, 생토노레, 파리-브레스트의 기본이 되는 반죽이다.
단계별로 차근차근 따라하다보면 일정한 모양과 매끈한 질감의 슈를 만들 수 있다.

① 냄비에 우유, 버터, 설탕, 소금을 넣고, 버터가 완전히 녹을 때까지 끓인다. 끓으면 불에서 내려 밀가루를 한꺼번에 모두 넣는다.

② 나무스패튤러로 반죽이 매끄럽게 한 덩어리로 뭉쳐질 때까지 섞는다.

③ 냄비를 다시 불에 올려서 반죽이 건조해지도록 볶는다. 반죽이 냄비 벽면에 붙지 않고 떨어지면 완성이다.

④ 볼에 옮겨서, 5분 정도 차게 식힌다.

⑤ 풀어놓은 달걀을 조금씩 넣으면서 나무스패튤러로 섞는다.

⑥ 반죽이 알맞은 질감이 되었는지 확인한다. 숟가락으로 반죽을 떠서 떨어뜨렸을 때 V자를 그리며 자연스럽게 떨어지면 완성이다. 그렇지 않으면 달걀을 조금 더 넣고 섞으면서 질감을 확인한다.

LA GÉNOISE
제누아즈

작업 30분

500g

달걀 3½개(175g)
설탕 130g
녹인 버터 25g
밀가루 135g
아몬드가루 30g

※ 레시피에 따라 재료의 양을 가감.

가벼운 질감의 제누아즈는 프레지에나 포레-누아르 같은 여러 앙트르메의 베이스로 사용된다.

보통 제누아즈를 가로로 2~3등분하여 시럽을 고루 바르고, 크림이나 무스를 올려서 층층이 쌓아서 앙트르메를 만든다.

제누아즈를 만들기 위해 리본모양이 만들어지는 되직한 반죽을 할 때는 전동거품기를 사용하면 편리하다. 이는 제누아즈의 성공 여부를 결정짓는 가장 중요한 단계로, 제대로 휘핑하지 않으면 오븐에서 부풀어오르지 않아 기공이 적고 조직이 조밀하며 무거운 질감의 제누아즈가 된다.

① 볼에 달걀과 설탕을 넣고, 전동거품기로 휘핑한다.

② 볼을 중탕하면서 하얗고 되직해질 때까지 계속 휘핑한다. 중탕온도는 손가락을 넣었을 때 조금 따뜻한 정도면 된다.

③ 중탕에서 내려 전체적으로 차게 식을 때까지 계속 휘핑한다. 거품기를 들어올렸을 때 반죽이 끊기지 않고 리본모양으로 가볍게 흘러내리면 완성이다.

④ 녹인 버터에 반죽을 조금 덜어 넣고 완전히 섞은 다음, 다시 본반죽에 넣어 골고루 잘 섞는다.

⑤ 밀가루와 아몬드가루를 체에 쳐서 반죽에 넣고 섞는다.

⑥ 전체적으로 고른 질감이 될 때까지 실리콘스패튤러로 조심스럽게 잘 섞는다.

비스퀴 조콩드

작업 15분

30×38㎝ 1판

달걀 4개(200g)

아몬드가루 140g

슈거파우더 125g

밀가루 45g

녹인 버터 25g(선택)

달걀흰자 4개(120g)

설탕 35g

※ 레시피에 따라 재료의 양을 가감.

비스퀴 조콩드는 시럽을 바를 필요가 없을 정도로 탄력 있고 부드러운 반죽이다. 그래서 비스퀴만으로 먹거나 제누아즈로 사용하기도 한다.

그러나 비스퀴 조콩드와 제누아즈를 만드는 과정은 완전히 다르다. 제누아즈는 반죽의 마지막 단계에 가루재료를 넣지만, 비스퀴 조콩드는 가루재료와 달걀을 처음에 섞는다. 또한, 틀에 넣어 굽는 제누아즈와 달리, 비스퀴 조콩드는 오븐팬에 펴서 굽는다.

CHEF'S TIP

달걀흰자를 상온에 두었다가 휘핑하면 훨씬 잘 부풀어 오른다. 또한 기름기가 남아 있는 상태로 휘핑하면 볼륨을 만드는 데 방해되므로 도구를 깨끗하게 씻어서 사용해야 한다.

① 달걀, 아몬드가루, 슈거파우더, 밀가루를 넣고 휘저어 섞는다. 녹인 버터(선택)를 미지근하게 식혀서 넣는다.

② 달걀흰자는 거품기 끝에 단단한 뿔모양이 만들어질 때까지 휘핑한다.

③ 휘핑한 달걀흰자에 설탕을 ½만 넣고 휘핑하다가, 남은 설탕을 모두 넣고 휘핑하여 머랭을 올린다.

④ 머랭에 달걀과 가루재료를 섞은 반죽을 넣고, 스패튤러로 조심스럽게 섞는다.

LA MERINGUE
머랭

가열 10분

머랭은 달걀흰자와 설탕을 휘핑하여 만드는, 프랑스제과의 기본반죽이다.

프렌치머랭, 이탈리안머랭, 스위스머랭의 3가지가 있으며, 사용법은 각각 다르다. 보통 프티푸르, 파르페, 아이스 수플레, 다쿠아즈 등을 만들 때 사용하거나, 타르트, 앙트르메에 올릴 때, 디저트를 장식할 때 등 다양하게 쓰인다.

프렌치머랭은 가장 간단하게 만들 수 있는 머랭이다. 달걀흰자를 휘핑하다가 달걀흰자 양의 2배의 설탕을 넣으면서 볼륨이 커질 때까지 휘핑하면 완성. 전통 방식은 슈거파우더와 설탕을 1:1 비율로 사용한다.

이탈리안머랭은 파티시에가 가장 많이 사용하는 것으로, 거품을 일으킨 달걀흰자에 설탕시럽을 부으면서 휘핑하여 만든다. 주로 크림을 가볍게 만들기 위해 넣거나, 타르트와 앙트르메를 장식할 때 사용한다.

스위스머랭은 달걀흰자를 중탕하여 휘핑하는데, 이때 설탕은 달걀흰자의 2배 분량을 넣는다.

LA MERINGUE FRANÇAISE
프렌치머랭

작업 10분

300g

달걀흰자 100g
설탕 100g
슈거파우더 100g

※ 레시피에 따라 재료의 양을 가감.

① 볼에 달걀흰자를 넣고, 무스처럼 될 때까지 휘핑한다.

② 설탕을 넣고, 달걀흰자가 매끄럽고 윤기가 날 때까지 계속 휘핑한다. 거품기 끝에 새 부리모양으로 단단하게 서면 완성.

③ 슈거파우더를 넣고, 나무스패튤러로 조심스럽게 섞는다.

이탈리안머랭

작업 15분

350g

달걀흰자 100g

설탕 200g

물 80㎖

※ 레시피에 따라 재료의 양을 가감.

① 물과 설탕을 냄비에 넣고, 119℃가 될 때까지 끓여서 시럽을 만든다. 그 동안 달걀흰자를 부드럽지만 어느 정도 단단해질 때까지 휘핑한다.

② 시럽온도가 119℃가 되면 바로 달걀흰자에 부으면서 계속 휘핑한다.

③ 전체가 차가워질 때까지 계속 휘핑한다. 거품기 끝에 새 부리모양으로 단단하게 서면 완성.

스위스머랭

작업 15분

300g

달걀흰자 100g

설탕 200g

※ 레시피에 따라 재료의 양을 가감.

① 달걀흰자와 설탕을 볼에 담고, 중탕하면서 45℃가 될 때까지 휘핑한다.

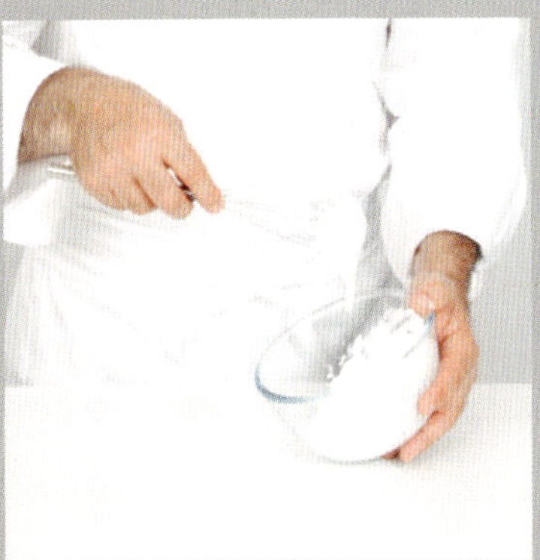

② 45℃가 되면 불에서 내리고, 전체가 차가워질 때까지 힘차게 휘핑한다. 거품기 끝에 새 부리모양으로 단단하게 서면 완성.

LES PÂTES À TARTES
타르트반죽

타르트반죽은 제과에서 꼭 알아야 할 기본 반죽이다.
이 책의 레시피대로 잘 따라해서 100% 홈메이드 타르트를 맛있게 만들어보자.
파트 쉬크레(Pâte Sucrée), 파트 사블레(Pâte Sablée), 파트 브리제(Pâte Brisée)는
15분 정도면 간단하고 손쉽게 만들 수 있지만, 파트 푀유테(Pâte Feuilletée)는
시간이 많이 걸리며 작업 과정도 더욱 섬세하고 복잡하다.
이 책에서는 아몬드가루를 사용하여 반죽에 은은한 향을 낸다.
물론 아몬드가루 외에 헤이즐넛가루를 사용하거나, 바닐라파우더 또는 카카오파우더 등을 첨가하여
다양한 향과 맛을 내도 좋다.

LA PÂTE SUCRÉE ET LA PÂTE SABLÉE
파트 쉬크레 & 파트 사블레

파트 쉬크레는 아주 부드러운 반죽이라 아몬드크림이나 초콜릿가나슈 같은 뻑뻑한 질감의
아파레유를 채우는 타르트에 많이 이용한다.
파트 사블레는 이름과 마찬가지로 모래처럼 부스러지는 질감이다. 반죽을 밀 때 찢어지기
쉽지만 먹었을 때 더욱 맛있게 느껴지기도 한다. 파트 사블레는 파트 쉬크레나 파트 브리
제와는 달리 '사블라주(sablage)' 방식으로만 반죽하여 만든다.

파트 사블레와 파트 쉬크레는 '크레마주(crémage)' 또는 '사블라주' 방식으로 만든다.
크레마주는 먼저 무른 버터와 슈거파우더를 크림처럼 되도록 크레메(crémer)하여 포마드
상태로 푼 뒤, 달걀을 넣고 계속해서 나머지 재료들을 넣어 섞는 것을 말한다.
사블라주는 버터와 가루재료들을 함께 손가락으로 비벼서 모래처럼 포슬포슬한 질감으로
사블레(sabler)한 뒤, 바닥에 반죽을 부수어 으깨는 프라제(fraser) 작업을 한다. 사블라주는
크레마주에 비해 반죽의 냉장 휴지시간이 적어 작업 시간을 줄일 수 있다.

파트 쉬크레 250g

밀가루 105g
버터 50g
슈거파우더 50g
아몬드가루 1큰술
달걀 ½개(25g)

※ 레시피에 따라 재료의 양을 가감.

파트 사블레 250g

밀가루 110g
버터 65g
슈거파우더 45g
소금 1꼬집
아몬드가루 1큰술
달걀 20g

※ 레시피에 따라 재료의 양을 가감.

크레마주

작업 15분 − **냉장** 1시간

① 볼에 버터를 넣고 휘핑하여 포마드 상태로 푼다.

② 슈거파우더를 넣고, 균일한 질감의 포마드 상태가 되도록 계속 휘핑한다.

③ 아몬드가루를 넣고 섞는다.

④ 달걀을 넣고 섞는다.

⑤ 밀가루를 넣고, 반죽이 고르게 될 때까지 섞는다.

⑥ 한 덩어리가 되면 조금 눌러서 납작하게 만든 뒤, 1시간 냉장한다.

사블라주

작업 15분 − **냉장** 30분

① 밀가루, 버터, 슈거파우더, 소금, 아몬드가루를 볼에 담는다.

② 재료들을 손으로 비벼서 모래 같은 질감이 되도록 반죽한다.

③ 달걀을 넣고, 나무스패튤러로 잘 섞는다.

④ 작업대에 모두 붓고, 전체적으로 고르게 섞일 때까지 손바닥으로 반죽을 으깨가며 반죽한다.

⑤ 둥글게 한 덩어리로 뭉치고, 조금 눌러서 납작하게 만든다.

⑥ 랩으로 싸서 30분 냉장한다.

파트 브리제 쉬크레

작업 15분 — **냉장** 30분

250g

밀가루 125g
버터 75g
소금 1꼬집
슈거파우더 2작은술
달걀 ½개(30g)
물 1작은술

※ 레시피에 따라 재료의 양을 가감.

사블라주 방식으로만 작업.

파트 브리제는 설탕과 버터의 양이 더 적어서 부서지는
질감이 덜하기 때문에 과일타르트처럼 물기가 많은 레
시피에 적합하다.

① 밀가루, 버터, 슈거파우더, 소금을 볼
에 담는다.

② 재료들을 손으로 비벼서 모래 같은
질감이 되도록 반죽한다.

③ 달걀과 물을 넣고, 나무스패튤러로
섞는다.

④ 작업대에 모두 붓고, 손바닥으로 으
깨면서 고른 질감이 되게 반죽한다.

⑤ 둥글게 한 덩어리로 뭉치고, 조금 눌
러서 납작하게 만든다.

⑥ 랩으로 싸서 30분 냉장한다.

파트 푀유테

작업 1시간 — **냉장** 1시간 40분

500g

데트랑프
물 105㎖
소금 1작은술
뜨겁게 녹인 버터 45g
밀가루 190g
드라이버터 155g

파트 푀유테는 파트 쉬크레, 파트 사블레, 파트 브리제 쉬크레와 만드는 방법이나 질감 등이 완전히 다르다. 또한 작업시간이 훨씬 더 길고 과정이 섬세하며 복잡하기 때문에 결과적으로 바삭하면서 풍미가 좋은 반죽이 된다.

만드는 과정은 2단계로 나뉜다. 밀가루, 물, 버터, 소금으로 기본 데트랑프를 만든 다음, 드라이버터를 넣고 감싸 여러 번 접는다. 일반적인 파트 푀유테는 6절접기로 만들며, 접는 작업 중에 냉장 휴지 과정이 필수이다. 파트 푀유테 앵베르세(Pâte Feuilletée Inversée)는 파트 푀유테와 반대로, 밀어서 편 버터 안쪽에 데트랑프를 넣어서 만든다. 결이 너 곱기 때문에 밀푀유나 고급 다르트에 알맞다.

① 찬물과 소금을 큰 볼에 담고, 뜨겁게 녹인 버터를 부어 섞는다.

② 밀가루를 넣고, 스크레이퍼로 반죽을 섞어 '데트랑프'를 만든다.

③ 작업대에 밀가루를 가볍게 뿌리고, 데트랑프를 놓는다. 여러 번 치대며 전체적으로 고른 반죽이 될 때까지 반죽한다.

④ 밀대로 데트랑프를 가볍게 밀어서 편다. 랩으로 싸서 30분 냉장한다.

⑤ 드라이버터를 밀대로 골고루 두드려 부드럽게 만든다.

⑥ 버터를 정사각형으로 자른 뒤, 여분의 버터를 위에 올리고 가볍게 두드려 납작하게 만든다.

⑦ 작업대에 밀가루를 뿌리고, 데트랑프를 크게 밀어 편다.

⑧ 데트랑프 한가운데에 드라이버터를 놓고, 네 면을 감싼다

⑨ 데트랑프 사이로 버터가 삐져나오지 않도록 꼼꼼하게 누른다.

⑩ 반죽이 직사각형이 되도록 밀어 편다. 필요하면 밀가루를 뿌리면서 작업한다.

⑪ 반죽을 3등분했을 때 아래쪽 ⅓을 위쪽으로 접는다.

⑫ 위쪽 ⅓을 접어놓은 아래쪽 반죽 위로 접는다(1절접기).

⑬ 작업대에서 반죽을 90° 돌려놓는다.

⑭ 다시 직사각형으로 밀어 편다.

⑮ 1절접기와 똑같이 아래쪽 1번, 위쪽 1번 모두 2번 접어서 2절접기를 마친다. 반죽을 가볍게 누른다.

⑯ 손가락으로 몇 절을 접었는지 가볍게 표시해둔다. 지금은 2절접기까지 하였으므로 2를 표시한다. 반죽을 랩으로 싸서 20분 냉장한다.

⑰ 반죽을 냉장고에서 꺼내 랩을 벗기고, 이전과 같은 방식으로 2번 접는다. 20분 냉장하고, 다시 2번 접어서 6절접기까지 마친다. 2번 접을 때마다 반드시 냉장고에서 20분 휴지시켜야 한다.

⑱ 접기를 마친 반죽은 직사각형으로 모양을 다듬은 뒤, 랩으로 싸서 30분 냉장한다.

FONCER UN CERCLE
ou un moule à tarte/tartelette

세르클 또는 타르트틀에 타르트지 성형하기

작업 10분

※ 레시피에 따라 파트 브리제나 파트 사블레, 파트 쉬크레 등을 준비한다.

세르클 또는 타르트틀에 타르트지를 성형하는 것은 아주 간단하다. 그러나 작업하다가 타르트지에 구멍이 나거나 찢어질 수 있으므로 주의한다.
타르트지를 성형한 다음, 가장자리를 손가락으로 꼬집어서 모양을 내면 타르트 모양이 훨씬 예뻐진다.

① 반죽을 3㎜ 두께로 밀어 펴고, 그 위에 준비한 세르클이나 타르트틀을 놓고 5㎝ 정도 더 크게 자른다.

② 반죽을 밀대에 감아서 버터를 바른 세르클이나 타르트틀 위에 펴놓는다.

③ 세르클이나 타르트틀 안쪽에 반죽을 잘 붙여 넣는다. 이때 벽면을 먼저 붙이면서 자연스럽게 바닥으로 내려온다.

④ 올록볼록하게 나온 곳이 없도록 매끈하게 잘 붙이고, 여분의 반죽은 테두리에 걸쳐지게 놓는다.

⑤ 밀대로 세르클이나 타르트틀의 윗면을 밀어서 여분의 반죽을 잘라낸다.

⑥ 두 손가락으로 반죽의 가장자리 위쪽을 가볍게 꼬집어 모양을 낸다. 10분 냉장하고, 오븐에 굽는다.

CUIRE À BLANC

un fond de tarte

타르트지 굽기

굽기 10분

※ 타르트지를 세르클이나 타르트틀에 성형하고(p.493 참조), 10분 냉장한다.

타르트에 올릴 과일이 오랜 가열시간을 견디지 못할 때, 액상 아파레유 사용시 타르트 생지가 젖는 것을 막을 때, 타르트지를 굽는 시간보다 필링을 더 짧게 구워야 할 때에는 타르트지만을 먼저 굽는다.

TEMPÉRER

par ensemencement

템퍼링_ 시딩법 (Seeding)

작업 30분

※ 레시피에 따라 재료의 양을 가감.

밀크초콜릿_ 45℃로 녹여서 28~30℃로 식힌다.
화이트초콜릿_ 40℃로 녹여서 28~30℃로 식힌다.

① 오븐을 180℃(불세기 6)로 예열한다. 냉장고에서 성형한 타르트지를 꺼내 바닥에 랩을 깔고, 누름콩을 넣는다.

② 타르트지에 닿지 않도록 누름콩 윗부분을 랩으로 싼다.

③ 오븐에 10분 굽는데, 이때 반죽에 노릇하게 색이 나면 안 된다. 오븐에서 꺼낸 뒤, 랩을 그대로 들어서 누름콩을 제거한다.

① 준비한 다크초콜릿 ⅔를 조리용 온도계로 45~50℃가 될 때까지 중탕한다.

② 중탕에서 내리고, 남은 초콜릿 ⅓을 잘게 부수어 넣는다.

③ 골고루 잘 섞으면서 온도가 30~32℃가 될 때까지 식힌다.

템퍼링이 잘 되었는지 테스트한다.

템퍼링_ 중탕법

작업 30분

※ 레시피에 따라 재료의 양을 가감.

밀크초콜릿_ 45℃로 녹여서 26℃로 식히고, 다시 29℃로 가열한다.

화이트초콜릿_ 40℃로 녹여서 25℃로 식히고, 다시 28℃로 가열한다.

① 다크초콜릿은 잘게 부수고(커버추어 초콜릿 사용 가능), 큰 볼에 찬물을 담아놓는다. 초콜릿을 중탕하는데, 매끄럽고 윤기 나는 초콜릿을 만들기 위해서는 중탕팬의 물이 팔팔 끓으면 안 되고, 끓는 물이 초콜릿을 담은 볼에 직접 닿아도 안 된다. 텍스처를 잃을 수도 있기 때문이다.

② 온도가 45℃가 되면 중탕에서 내려 찬물이 담긴 볼에 얹고, 스패튤러로 저으면서 27℃까지 식힌다.

③ 다시 천천히 저으면서 중탕하여 재가열한다. 이때 불을 세게 하여 온도가 금방 높아지지 않도록 주의한다. 30℃가 되면 바로 중탕에서 내린다. 초콜릿이 매끄럽고 윤기가 나야 하며, 템퍼링한 초콜릿은 바로 사용해야 한다. 여러 번 사용할 경우, 초콜릿 온도를 계속 30~32℃로 유지해야 한다.

템퍼링이 잘 되었는지 테스트한다.

템퍼링한 초콜릿 테스트

① 템퍼링한 초콜릿을 떠서 작은 알루미늄포일에 붓는다. 냉장고에 7분 정도 넣어두었다가 포일에서 떼어낸다.

② 초콜릿 표면이 매끄럽고 윤기가 나며, 부러뜨렸을 때 쉽게 깨지면 템퍼링이 잘 된 것이다.

GLOSSAIRE
제과 용어

A·B

AGAR (아가)

젤라틴을 대체할 수 있는 식물성 젤화제. 젤라틴보다 젤화 능력이 8배 강하며, 사용법이 다르다.

BAIN-MARIE (뱅마리)

중탕. 냄비에 물을 끓여 그 위에 반죽이 담긴 볼을 놓고 가열하는 방식. 이때 냄비의 끓는 물이 반죽의 볼에 직접 닿아서는 안 된다(예_ 사바용). 반죽을 계속 따뜻하게 유지하거나(예_ 소스류), 재료를 부드럽게 녹일 때(예_ 초콜릿) 중탕한다.

BEURRE DE CACAO (뵈르 드 카카오)

카카오버터. 카카오향이 살짝 나는 거의 맛이 느껴지지 않는 지방성분. 카카오파우더를 생산할 때 카카오콩을 갈아서 부수는 과정에서 나오는 기름이 카카오버터이다. 초콜릿의 구성 요소가 된다.

BEURRE CLARIFIÉ (뵈르 클라리피에)

정제버터. 버터를 아주 약한 불로 가열하면 유청이 분리되는데 이것을 제거하면 정제버터가 된다. 일반 버터보다 산패가 느리고, 발연점이 높다.

BEURRE NOISETTE (뵈르 누아제트)

헤이즐넛버터. 버터가 살짝 갈색으로 변하고 유청이 냄비 바닥에 달라붙을 때까지 가열한 것.

BEURRE EN POMMADE (뵈르 앙 포마드)

포마드버터. 무른 버터를 스패튤러나 거품기로 휘저어서 부드럽고 색이 연한 포마드 상태로 푼 것.

BEURRER (뵈레)

1. 반죽이 틀에 달라붙지 않도록 녹이거나 무른 버터를 브러시로 틀에 바르는 것.
2. 반죽과 버터를 잘 섞는 것.

BISCUIT (비스퀴)

달걀노른자, 설탕, 밀가루, 머랭을 섞어서 만든 가벼운 반죽.

BLANCHIR (블랑시르)

1. 달걀노른자와 설탕을 거품기로 하얗고 단단해질 때까지 휘핑하는 것.
2. 끓는 물에 재료(예_ 감귤류)를 가볍게 데쳐서 쓴맛을 제거하고 부드럽게 만드는 것.

C

CARAMÉLISER (카라멜리제)

1. 설탕을 갈색빛이 날 때까지 가열하는 것. 제품에 바르거나, 캐러멜소스를 만들 때 사용한다.
2. 몰드에 캐러멜을 부어 한 겹 입히는 것.
3. 오븐의 그릴에 넣어 디저트 겉면에 색깔을 내는 것(예_ 크렘 브륄레).
4. 반죽에 향을 내기 위해 캐러멜을 넣는 것.
5. 슈에 캐러멜을 입히는 것.

CERCLE À PÂTISSERIE (세르클 아 파티세리)

지름(6~34cm)과 높이가 다양한 금속 재질의 세르클은 층층이 쌓는 디저트를 만들 때 사용한다(예_ 앙트르메, 무스 등). 타르트나 플랑에는 세르클 대신 틀을 사용하는 경우가 많다.

CHANTILLY (샹티이)

설탕과 바닐라를 넣어 휘핑한 크림.

CHINOIS (시누아)

손잡이가 있는 금속의 원뿔형 체.

CHOCOLAT DE COUVERTURE

(쇼콜라 드 쿠베르튀르)

커버추어초콜릿. 카카오버터가 최소 32% 이상 함유된 질 좋은 초콜릿. 템퍼링하여 사용한다.

COMPOTER (콩포테)

재료들이 콩포트(잼)처럼 졸아들 때까지 반죽을 서서히 가열하는 방법.

CONCASSER (콩카세)

재료를 절구통에 넣고 빻아 잘게 부수는 것.

CONFIT (콩피)

재료를 오래 보존하기 위해 설탕이나 술에 재워두는 것.

COUCHER (쿠셰)

원형깍지나 별깍지를 이용해 오븐팬에 반죽을 일정한 간격으로 짜는 것(예_ 파트 아 슈).

COULIS (쿨리)

생과일 또는 익힌 과일에 설탕을 넣거나 넣지 않고 갈아서 체에 한 번 거른 액체 상태의 과일퓌레. 질감이 매우 곱다.

CRÈME ANGLAISE (크렘 앙글레즈)

우유, 달걀노른자, 설탕으로 만드는 녹진한 바닐라향의 크림. 여러 디저트에 다양하게 사용되며, 아이스크림의 베이스로도 사용된다. 크렘 앙글레즈의 바닐라를 초콜릿, 피스타치오 등으로 대체할 수 있다.

CRÈME FOUETTÉE (크렘 푸에테)

휘핑크림. 생크림을 거품기 끝에 단단한 뿔모양이 만들어질 때까지 휘핑한 것.

CRÈME PÂTISSIÈRE (크렘 파티시에)

커스터드크림. 우유, 달걀노른자, 설탕, 밀가루와 함께 전통적으로 바닐라향을 넣어 만드는 되직한 크림. 이때 밀가루를 전분이나 플랑용 가루로 대체할 수도 있다. 여러 가지 제과제품을 만들 때 사용한다.

CRÉMER (크레메)

1. 버터와 설탕을 휘핑하여 크림화하는 것.

2. 반죽에 크림을 섞는 것.

CUILLÈRE À POMME PARISIENNE

(퀴이에르 아 폼 파리지엔느)

멜론 볼러. 가운데가 움푹 파인 동그랗고 작은 숟가락. 과일이나 채소를 작고 동그란 모양으로 뜰 때 사용한다.

D

DÉCUIRE (데퀴이르)

가열하던 혼합물(예_ 캐러멜, 설탕시럽)에 차가운 액체를 조금씩 넣어 온도를 낮추면서 묽게 만드는 것.

DÉLAYER (델레예)

물질을 액체에 녹이는 것.

DESSÉCHER (데세셰)

반죽을 나무스패튤러로 계속 저으면서 가열하여 수분을 날리는 것. 반죽이 냄비 벽면에 붙지 않고, 주걱 주변을 부드럽게 감싸면 완성이다(예_ 파트 아 슈, 과일젤리 등).

DÉTAILLER (데타예)

미리 밀어서 펴둔 반죽을 커터나 칼로 자르는 것.

DÉTREMPE (데트랑프)

밀가루, 물, 소금을 섞은 것. 파트 푀유테를 만드는 첫 번째 단계이다.

DORER (도레)

달걀노른자나 달걀을 풀어 브러시로 바르는 것. 보통 굽기 맨 마지막 과정에 하며, 제품에 먹음직스러운 갈색 껍질이 생긴다.

DORURE (도뤼르)

굽기 전 제품에 바르기 위해 달걀노른자나 달걀을 풀어 약간의 물과 섞어놓은 것.

DOUILLE (두유)

깍지. 금속 또는 플라스틱으로 만든 속이 빈 원뿔모양의 도구. 짤주머니 끝에 끼우고 반죽을 담아 오븐팬에 짜거나, 크림을 넣어 디저트를 장식할 때 사용한다. 원형 또는 별깍지가 일반적이다.

E

EFFILER (에필레)

마른과일이나 견과류를 슬라이스 아몬드처럼 길이 내로 얇게 써는 것.

ÉMINCER (에맹세)

과일 등의 재료를 얇게 써는 것.

ÉMONDER (에몽데) **또는 MONDER** (몽데)

과일이나 견과류를 뜨거운 물에 한 번 담갔다 뺀 후, 껍질을 벗기는 것(예_ 아몬드, 복숭아, 피스타치오 등).

EMPORTE-PIÈCE (앙포르트-피에스)

모양 커터. 금속이나 플라스틱으로 되어 있으며 원형, 타원형, 반원모양 등 다양한 모양이 있다. 반죽을 밀어 편 뒤, 커터를 대고 눌러 일정한 모양으로 찍는다.

ENROBER (앙로베)

재료 또는 제품을 초콜릿, 카카오, 설탕 등의 다른 재료로 완전히 씌우는 것.

ÉPONGER (에퐁제)

수건 또는 키친타월로 여분의 기름이나 수분을 빨아들이는 것.

ESSENCE (에상스)

재료를 농축한 진액. 반죽에 향을 낼 때 사용한다.

ÉVIDER (에비데)

칼로 사과 등과 같은 재료를 움푹하게 도려내거나, 속을 파내는 것.

F

FAÇONNER (파소네)

반죽을 특정 모양으로 성형하는 것.

FARINER (파리네)

작업대, 몰드, 오븐팬 등에 밀가루를 뿌려서 한 겹 씌우는 것.

FÉCULE DE MAÏS (페퀼 드 마이스)

옥수수진분. 옥수수녹말추출물로 아주 고운 입자의 하얀 가루. 옥수숫가루보다 입자가 훨씬 작으며, 요리나 제과에서 반죽을 되직하게 할 때 사용한다. 옥수수전분늘 케이크에 넣으냔 훨씬 가볍고 부느러워신나.

FÉCULE DE POMME DE TERRE

(페퀼 드 폼 드 테르)

감자전분. 말린 감자에서 추출한 고운 입자의 하얀 가루. 특히 요리에서 되직한 소스를 만들 때 주로 쓰이며, 제과에서는 디저트의 질감을 가볍게 하거나 부드러운 식감을 낼 때 사용한다.

FONCER (퐁세)

틀이나 세르클에 미리 밀어서 펴둔 반죽을 잘 붙여 넣어 성형하는 것.

FONDANT (퐁당)

설탕, 물, 글루코오스를 섞어서 만든 액체. 가토, 앙트르메, 밀푀유, 슈, 에클레어, 를리지외즈 등에 글라세할 때 사용한다.

FONDRE (퐁드르)

버터, 초콜릿 등의 고체 재료를 가열하여 녹여서 액체 상태로 만드는 것.

FONTAINE (퐁텐)

작업대에 밀가루를 놓고, 가운데가 파인 둥근 모자모양으로 만드는 것. 또는 반죽에 필요한 여러 재료들을 가운데에 넣는 것.

FOUETTER (푸에테)

거품기로 반죽을 휘저어 휘핑하는 것. 크림화하거나, 반죽에 공기를 모아 가볍게 만들 때 이 기법을 사용한다.

FOURRER (푸레)

슈에 크림을 채워 넣듯이 제품의 속을 크림이나 필링으로 채우는 것.

FRAISER (프레제) **또는 FRASER** (프라제)

손바닥으로 으깨면서 반죽하는 기법. 지나치게 반죽하지 않도록 조심한다.

FRÉMIR (프레미르)

끓기 직전 단계까지 액체를 가열하는 것. 공깃방울이 조금씩 올라오기 시작할 때 바로 불을 끈다.

FRIRE (프리르)

재료를 뜨거운 기름에 넣고 튀기는 것.

G

GANACHE (가나슈)

잘게 부순 초콜릿과 생크림을 섞은 것. 앙트르메를 장식하거나 케이크를 아이싱할 때, 초콜릿 봉봉을 만들 때 쓰인다.

GÉLATINE (젤라틴)

무색, 무취, 무미의 젤화제. 판젤라틴이 가장 많이 사용된다. 사용법은 아주 차가운 물에 판젤라틴을 넣고 불린 다음, 물기를 꽉 짜서 따뜻한 반죽에 넣어 사용한다. 이때 반죽이 끓는 상태이면 안 된다.

GLUCOSE (글루코오스)

되직하면서 끈적끈적한 무색의 시럽. 제과에서는 주로 콩피즈리(단과자)를 만들 때 장기간 보존하고, 제품의 결정화를 막기 위해 사용한다. 제품에 유연성이 생기는 장점도 있다.

GÉNOISE (제누아즈)

여러 가지 케이크의 시트로 사용된다. 만드는 법은 먼저 설탕과 달걀노른자를 중탕하고, 반죽이 차가워질 때까지 휘핑한다. 여기에 밀가루를 넣고 섞어서 굽는다. 아몬드, 헤이즐넛, 초콜릿 등의 다양한 재료를 더하여 만들기도 한다.

GLACER (글라세)

제품에 슈거파우더를 뿌리거나, 디저트를 글레이즈하는 것. 더 먹음직스럽고 완벽한 모양이 된다.

GRILLER (그리예)

뜨거운 오븐에 호두, 아몬드, 피스타치오 등의 견과류를 구워 골고루 노르스름하게 그을리는 것.

GRUÉ DE CACAO (그뤼에 드 카카오)

카카오닙. 구운 카카오콩 조각으로, 제과재료를 파는 상점에서 구할 수 있다.

H·I·L

HACHER (아셰)

칼로 과일콩피, 초콜릿, 헤이즐넛, 아몬드 등을 굵게 다지거나 작은 조각으로 부수는 것.

HUILER (윌레)

1. 오븐팬이나 틀에 반죽이 달라붙지 않도록 기름을 얇게 바르는 것.

2. 헤이즐넛페이스트의 기름층이 분리되는 현상을 말하기도 한다.

IMBIBER (앵비베)

바바, 제누아즈 등에 시럽이나 알코올을 발라 부드럽게 만들고, 동시에 향을 내는 것.

INCORPORER (앵코르포레)

서로 다른 재료들을 조금씩 잘 섞는 것.

INFUSER (앵퓌제)

끓는 액체에 찻잎, 민트잎 등 향이 나는 재료를 넣어서 향을 우리는 것.

LEVURE DE BOULANGER (르뷔르 드 불랑제)

이스트. 빵이나 비엔누아즈리를 만들 때 사용하는 균주. 생이스트와 건조이스트가 있으며, 밀가루와 만나면 발효작용을 일으켜 이산화탄소를 만든다. 이산화탄소가 반죽을 부풀게 한다.

LEVURE CHIMIQUE (르뷔르 시미크)

베이킹파우더. 주석산과 베이킹소다가 결합된 무취의 화학 팽창제. 보통 상점에서 11g 단위로 판매한다. 베이킹파우더는 열과 습기가 있어야 팽창하는데, 재료를 섞고 반죽할 때 습기와 만나게 된다.

LISSER (리세)

단단하면서 되직한 반죽을 부드럽게 만들기 위해 힘차게 휘저어 풀어주는 것.

M·N

MACÉRER (마세레)

마른과일, 생과일, 과일콩피를 알코올, 시럽, 차 등의 액체에 담가 향이 배게 하는 것.

MARBRÉ (마르브레)

같은 기법의 두 가지 반죽이 결합된 디저트를 가리킨다. 그러나 마블케이크, 마블아이스크림 등과 같이 맛과 색은 서로 대조된다.

MERINGUE (머랭그)

머랭. 달걀흰자와 설탕을 휘핑하여 볼륨을 올린 것으로 3종류가 있다.

1. 프렌치머랭은 달걀흰자를 휘핑하면서 설탕을 조금씩 나누어 넣고 볼륨을 올린다.
2. 이탈리안머랭은 휘핑하던 달걀흰자에 끓인 시럽을 넣으면서 볼륨을 올린다.
3. 스위스머랭은 달걀흰자와 설탕을 중탕하면서 휘핑하여 볼륨을 올린다.

MONDER (몽데)

'에몽데'와 같다.

MONTER (몽테)

달걀흰자, 크림 등을 휘핑하는 것. 또는 휘핑하여 반죽의 볼륨을 올리는 것.

NAPPAGE NEUTRE (나파주)

살구나 라즈베리 등의 잼을 베이스로 한, 흐르는 질감의 젤리. 젤리 덩어리를 녹여서 사용하며, 제품을 신선하고 먹음직스러워 보이게 하기 위해 바른다.

NAPPER (나페)

1. 디저트를 보기 좋게 마무리하기 위해 나파주를 바르는 것.
2. 디저트에 쿨리 또는 크림을 붓는 것.
3. 크렘 앙글레즈를 익힐 때 숟가락에 얇은 막이 한 겹 씌워지는 것.

P

PAILLETÉ FEUILLETINE (파이테 푀유틴)

구운 크레페 조각을 잘게 부순 것.

PASSER (파세)

액체 또는 반 액체 상태의 반죽을 체에 거르는 것.

PÂTE À GLACER (파트 아 글라세)

카카오파우더, 설탕, 전지분유, 세밀하게 압착하여 뽑아낸 식물성 기름을 섞은 코팅용 초콜릿. 앙트르메에 입히면 매끈하고 윤기 나게 마무리된다.

PÂTE À SUCRE (파트 아 쉬크르)

슈거페이스트. 슈거파우더, 달걀흰자, 글루코오스, 색소를 섞은 반죽. 원하는 모양을 쉽게 만들 수 있어서 제품을 장식하기에 좋다.

PÂTE DE CACAO (파트 드 카카오)

카카오페이스트. 카카오콩을 빻아 만든 반죽. 초콜릿 제품의 가장 중요한 재료로 제과전문점에서 찾을 수 있다.

PÂTON (파통)

접기를 마친 파트 푀유테. 굽지 않은 상태이다.

PINCÉE (펙틴)

식물에서 추출한 펙틴은 젤화제로 사용된다. 여러 종류의 펙틴이 있으나, NH펙틴과 황색펙틴이 가장 일반적이다.

PÉTRIR (페트리르)

반죽이 한 덩어리로 뭉쳐지도록 재료를 섞고 치대며 반죽하는 것.

PINCÉE (팽세)

꼬집. 엄지와 검지로 소금, 설탕 등의 재료를 집는 아주 적은 양.

PIQUER (피케)

오븐에서 구울 때 부푸는 것을 막기 위해 타르트지를 포크로 찍어 구멍을 내는 것.

Q·R·S

POCHER (포셰)

가볍게 끓고 있는 액체에 재료를 넣어 익히는 것. 끓는 설탕시럽에 과일을 넣어 익히는 것도 포함된다.

POUSSER (푸세)

이스트의 발효작용으로 반죽이 부풀어 볼륨이 배가 되는 것.

PRALIN (프랄랭)

영어로 프랄린. 카라멜리제 아몬드나 헤이즐넛을 곱게 빻은 것. 상점에서 적은 양으로 나누어 포장된 프랄린을 구입할 수 있다.

PRALINER (프랄리네)

1. 프랄린페이스트를 반죽에 넣어 향을 내는 것.
2. 프랄리네(praliné)를 만드는 과정. 아몬드나 헤이즐넛을 설탕시럽에 넣어 섞는 것.

QUENELLE (크넬)

아이스크림 또는 무스를 같은 모양의 숟가락 2개를 이용하여 타원형으로 떠낸 것.

RAYER (레예)

갈레트 데 루아, 쇼숑 오 폼처럼 굽기 직전 달걀물을 바른 반죽에 칼로 그어 모양을 내는 것.

RÉDUIRE (레뒤이르)

액체를 계속 끓여서 수분을 증발시켜 양이 줄어들게 하는 것. 되직해지면서 맛이 더 진해진다.

RÉSERVER (레제르베)

신선한 재료 또는 가열 중이던 재료를 나중에 다시 사용하기 위해 일단 한쪽에 따로두는 것.

RHODOÏD (로도이드)

무스나 크림을 앙트르메에 채워 넣을 때 세르클 안쪽에 두르는 두꺼운 플라스틱 필름의 무스띠.

RUBAN (뤼방)

반죽을 매끈하고 고르게 충분히 휘핑하여, 거품기로 반죽을 들어 떨어뜨렸을 때 부드럽게 흐르면서 리본 모양을 그리는 것.

SABLER (사블레)

밀가루와 유지를 모래처럼 보슬보슬하게 섞는 것. 물러질 정도로 오래 작업하지 않는다.

SUCRE INVERTI (쉬크르 앵베르티) 또는 **TRIMOLINE** (트리몰린)

전화당. 일반 설탕보다 약 25% 진한 단맛을 지닌 감미료.

T · V · Z

TAMISER (타미제)

덩어리를 없애기 위해 카카오파우더, 밀가루, 슈거파우더, 이스트 등의 재료를 체에 거르는 것.

TAPISSER (타피세)

틀에 반죽을 채우는 것. 또는 유산지를 까는 것.

TEMPÉRER (탕페레)

템퍼링. 초콜릿 표면이 윤기가 나면서 톡톡 깨지는 식감을 얻기 위해 3단계 과정으로 초콜릿 온도를 맞추는 것. 템퍼링한 초콜릿은 장식용 초콜릿이나 봉봉을 만들 때 사용한다.

THERMOMÈTRE DE CUISSON

(테르모메트르 드 퀴송)

조리용 온도계. 제품을 만드는 도중이나 가열할 때 정확한 온도를 알려준다. 수은이 들어 있는 것이 일반적이다.

TOURER (투레)

가운데에 버터를 넣고 파트 푀유테, 파트 크루아상 등의 반죽을 접는 것.

TRAVAILLER (트라바예)

손이나 반죽기, 도구 등으로 반죽을 힘차게 치대고 휘젓는 것. 반죽에 공기를 모으거나, 한 덩어리를 만들거나, 매끈하게 풀어준다.

TURBINER (튀르비네)

아이스크림, 소르베가 될 때까지 재료 섞은 것을 소르베 기계에 넣어 돌리는 것.

VERGEOISE (베르주아즈)

첨채당. 사탕무를 정제한 무른 질감의 원당. 황색과 갈색이 있다.

ZESTER (제스테)

제스터나 필러를 이용해 오렌지, 레몬 등의 감귤류 겉껍질을 가는 것. 이렇게 만든 제스트는 반죽에 향을 낼 때 사용하면 좋다.

INDEX DES RECETTES
레시피 인덱스

INDEX DES RECETTES
par ingrédients
재료별 레시피 인덱스

ㅂ

ㅅ

REMERCIEMENTS
감사의 말

전문 교수진이 없었다면 불가능했을 이 책의 출판은 열정적인 집필팀인 에밀리 부르가, 셰프 장-프랑수아 드귀네와 올리비에 마후, 그리고 포토그래퍼 올리비에 플로통이 있어 가능했습니다. 또한 행정을 담당한 카트린 바스쉐, 카이에 보디네트, 이소르 쿠앵트로, 마리 아줴그, 샤를로트 마덱, 리안 말라르, 산드라 메시에에게도 감사를 전합니다.

라루스출판사의 이사벨 죄그-마이나르(최고경영자)와 쥐슬랭 스토라(부사장) 그리고 편집팀 아그네스 뷔지에르, 에밀리 프랑, 코랄리 브누아에게 감사합니다.

르 꼬르동 블루와 라루스출판사는 전 세계 20개국 35개의 학교에 있는 르 꼬르동 블루의 셰프들에게 감사의 인사를 전합니다. 그들의 기술 노하우와 창의성 덕분에 이 책이 만들어질 수 있었습니다. 다음 셰프들에게 감사의 말씀을 전합니다.

♤♤♤

르 꼬르동 블루 파리의 에릭 프리파드 MOF, 필립 그루 MOF, 패트릭 칼스, 윌리엄 코시몽, 디디에 샹트포르, 올리비에 귀용, 프랑크 푸파르, 크리스티안 무앙, 마크-오렐 바카, 파브리스 다니엘, 장-프랑수아 드귀네, 자비에 코트, 올리비에 크리스티앙, 올리비에 마후, 소연 박, 장-자크 트랑샹, 올리비에 부도, 프레드릭 오엘, 뱅생 소모자.

르 꼬르동 블루 런던의 에밀 미네브, 로익 말페, 에릭 베디아, 안토니 보이, 데이빗 뒤베르제, 레지날드 이오스, 콜랭 웨스탈, 줄리 왈쉬, 그렘 바톨로메, 매튜 호젯, 니콜라 우쉐, 도미닉 모다르, 올리비에 물레롱, 콜린 바넷, 제롬 팡달리, 니콜라 패터슨, 하비에르 메르카도.

르 꼬르동 블루 도쿄의 기욤 시에글레, 유지 토요나가, 스테판 레이나, 도미니크 그로스, 가츠토시 요코야마, 히로유키 혼다, 마누엘 로베르, 가즈키 오가타, 장-프랑수아 파비, 질 컴패니, 마사루 오쿠다.

르 꼬르동 블루 고베의 장 마스 스크리방트, 패트릭 르메슬, 필립 쾰, 뱅생 코펄스키.

르 꼬르동 블루 오타와의 에르베 샤베르, 오헬리엉 르구에, 프레드릭 로즈, 줄리 바숑, 크리스티나 솔리나스, 야닉 안톤, 자비에 보비, 스튜어트 왈쉬, 스테판 프레롱, 니콜라 조르당 MOF, 제이슨 데자르댕.

르 꼬르동 블루 코리아의 조르주 링가이젠, 로랑 레즈, 피에르 르장드르, 알랭 상세, 티에리 르랄뤼.

르 꼬르동 블루 페루의 쟈크 데크록, 톨스텅 앙더, 파올라 에스파슈, 클레 라보르드, 제레미 페냘로자, 자비에 암퓌에로, 그레고르 펑크, 엘레나 브라귀나, 안젤로 오르티즈, 파비앙 벨렌, 글로리아 이노스트로자, 안나마리아 도밍게, 프랑코 알바, 앙드레 오르테가, 다니엘 펑친, 올리비에 로조, 안드레아 윙켈리에드, 크리스토프 르로이, 파트리시아 콜로나, 사무엘 모로, 마틴 투프로, 주앙 카를로스 알바.

르 꼬르동 블루 멕시코의 아르노 게르피용, 드니스 델라발, 오마르 모랄, 카를로스 산토즈, 카를로스 베레라, 세드릭 카렘, 리차드 르콕, 세르지오 토레스, 에드문도 마르티네즈.

르 꼬르동 블루 타일랜드의 크리스티안 함, 알렉스 루피노니, 마르크 샴피레, 윌리 도라드, 수파피 오팟비산, 니루취 쇼왓차라, 기욤 앙셀린, 윌라이랏 코노팍클라오.

르 꼬르동 블루 오스트레일리아의 총괄셰프 앙드레 산디슨 외 여러 셰프들.

르 꼬르동 블루 상하이의 필립 클레르그, 제롬 로랑, 파브리스 브뤼토, 조스 카우, 장 미셸 바르데, 니콜라스 세라노, 레지스 페브리에, 제롬 로하르, 다비드 올리베, 올리비에 파레드.

르 꼬르동 블루 이스탄불의 에릭 제르마나게, 아르노 데클레크, 크리스토프 비돌트.

르 꼬르동 블루 마드리드의 얀 바로, 빅토 페레즈, 에르완 푸둘렉, 프랑크 플라나, 데이빗 미예, 호세 엔리케 곤잘레즈, 장 샤를 부셰, 아만딘 핑게, 카를로스 콜라도, 나탈리아 바즈케즈, 데이빗 바티스테사.

르 꼬르동 블루 타이완의 니콜리 벨로르제, 세비스티앙 그리슬랑.

르 꼬르동 블루 뉴질랜드의 세바스티앙 람베르, 프랑시스 모타, 폴 디켄, 뱅생 부데, 가브리엘 샴베르, 폴 비주, 미셸 록통, 토마스 올로, 미카엘 알룩키에위즈.

르 꼬르동 블루 말레이시아의 로돌프 오노, 실뱅 두브로, 플로리안 귀예므노, 스테판 알렉산드르, 다비드 윌리엄 모리스.

르 꼬르동 블루 파티세리
L'ÉCOLE de la PÂTISSERIE

펴낸이 유재영 ┃ **펴낸곳** 그린쿡 ┃ **지은이** Le Cordon Bleu

사진 Olivier Ploton·Émilie Burgat(Introduction) ┃ **옮긴이** 이지아 ┃ **감수** 르 꼬르동 블루 코리아(주)
기　획 이화진 ┃ **편　집** 김기숙·나진이·박선희 ┃ **디자인** 임수미·정민애

1판 1쇄 2018년 4월 10일
1판 4쇄 2025년 6월 13일

출판등록 1987년 11월 27일 제 10-149
주소 04083 서울 마포구 토정로 53(합정동)
전화 02-324-6130, 324-6131
팩스 02-324-6135

E-메일 dhsbook@hanmail. net
홈페이지 www.donghaksa.co.kr / www.green-home.co.kr
페이스북 www.facebook.com / greenhomecook
인스타그램 www.instagram.com/__greencook/

ISBN 978-89-7190-643-9 13590

＊ 이 책은 실로 꿰맨 사철제본으로 튼튼합니다.
＊ 잘못된 책은 구매처에서 교환하시고, 출판사 교환이 필요할 경우에는 사유를 적어 도서와 함께 위의 주소로 보내주세요.

옮긴이　이지아 ● 서울대학교에서 불어학 석사를 마치고, 프랑스 파리 르 꼬르동 블루 본교에서 제과 디플로마를 취득하였다. 이어 프랑스 파크하얏트 파리-방돔, 피에르 에르메 파리에서 제과를 담당하였다. 귀국 후 쉐라톤 서울 디큐브시티를 거쳐, 현재는 대학교에서 학생들을 가르치고 있다. 번역서로 『에클레어 드 제니』, 『라루스 파티시에』, 『티는 어렵지 않아』 등이 있다.